季富政

- 著 -

巴蜀乡土建筑文化

四川民居
散论

天地出版社 | TIANDI PRESS

图书在版编目（CIP）数据

四川民居散论 / 季富政著 . — 成都 : 天地出版社，
2023.12
（巴蜀乡土建筑文化）
ISBN 978-7-5455-7880-5

I. ①四… II. ①季… III. ①民居－建筑艺术－研究－
四川 IV. ① TU241.5

中国国家版本馆 CIP 数据核字（2023）第 141970 号

SICHUAN MINJU SANLUN

四川民居散论

出 品 人	杨　政
著　　者	季富政
责任编辑	陈文龙　李婷婷
责任校对	卢　霞
装帧设计	今亮後聲 HOPESOUND 2580590616@qq.com
责任印制	王学锋

出版发行	天地出版社
	（成都市锦江区三色路 238 号　邮政编码：610023）
	（北京市方庄芳群园 3 区 3 号　邮政编码：100078）
网　　址	http://www.tiandiph.com
电子邮箱	tianditg@163.com

经　　销	新华文轩出版传媒股份有限公司
印　　刷	北京文昌阁彩色印刷有限责任公司
版　　次	2023 年 12 月第 1 版
印　　次	2023 年 12 月第 1 次印刷
开　　本	787mm×1092mm　1/16
印　　张	13
字　　数	225 千
定　　价	58.00 元
书　　号	ISBN 978-7-5455-7880-5

总　序

　　季富政先生于 2019 年 5 月 18 日离我们而去，我内心的悲痛至今犹存，不觉间他仙去已近 4 年。今日我抽空重读季先生送给我的著作，他投身四川民居研究的火一般的热情和痴迷让我深深感动，他的形象又活生生地浮现在我的脑海中。

　　我是在 1994 年 5 月赴重庆、大足、阆中参加第五届民居学术会时认识季富政先生的，并获赠一本他编著的《四川小镇民居精选》。由于我和季先生都热衷于研究中国传统民居，我们互赠著作，交流研究心得，成了好朋友。

　　2004 年 3 月 27 日，我赴重庆参加博士生答辩，巧遇季富政先生，于是向他求赐他的大作《中国羌族建筑》。很快，他寄来此书，让我大饱眼福。我也将拙著寄给他，请他指正。

　　此后，季先生又寄来《三峡古典场镇》《采风乡土：巴蜀城镇与民居续集》等多本著作，他在学术上的勤奋和多产让我既赞叹又敬佩。得知他为民居研究夜以继日地忘我工作，我也为他的身体担忧，劝他少熬夜。

　　季先生去世后，他的学生和家人整理他的著作，准备重新出版，并嘱我为季先生的大作写序。作为季先生的生前好友，我感到十分荣幸。我在重新拜读他的全部著作后，对季先生数十年的辛勤劳动和结下的累累硕果有了更深刻的认识，了解了他在中国民族建筑、尤其是包括巴蜀城镇及其传统民居在内的建筑的学术研究上的卓著成果和在建筑教育上的重要贡献。

1. 季富政所著《中国羌族建筑》填补了中国民族建筑研究上的一项空白

　　季先生在 2000 年出版了《中国羌族建筑》专著。这是我国建筑学术界第一本研究中国羌族建筑的著作，填补了中国羌族建筑研究的空白。

这项研究自 1988 年开始，季先生花费了 8 年时间，其间他曾数十次深入羌寨。季先生的此项研究得到民居学术委员会李长杰教授的鼎力支持，也得到西南交通大学建筑系系主任陈大乾教授的支持。陈主任亲自到高山峡谷中考察羌族建筑，季先生也带建筑系的学生张若愚、李飞、任文跃、张欣、傅强、陈小峰、周登高、秦兵、翁梅青、王俊、蒲斌、张蓉、周亚非、赵东敏、关颖、杨凡、孙宇超、袁园等，参加了羌族建筑的考察、测绘工作。因此，季先生作为羌族建筑研究的领军人物，经过 8 年的艰苦努力，研究了大量羌族的寨和建筑的实例，获取了十分丰富的第一手资料，并融汇历史、民族、文化、风俗等各方面的研究，终于出版了《中国羌族建筑》专著，取得了可喜可贺的成果。

2. 季富政先生对巴蜀城镇的研究有重要贡献

2000 年，季先生出版《巴蜀城镇与民居》一书，罗哲文先生为之写序，李先逵教授为之题写书名。2007 年季先生出版了《三峡古典场镇》一书，陈志华先生为之写序。2008 年，季先生又出版了《采风乡土：巴蜀城镇与民居续集》。这三部力作均与巴蜀城镇研究相关，共计 156.8 万字。

季先生对巴蜀城镇的研究是多方面、全方位的，历史文化、地理、环境、商业、经济、建筑、景观无不涉及。他的研究得到罗哲文先生和陈志华先生的肯定和赞许。季先生这些著作也成为后续巴蜀城镇研究的重要参考文献。

3. 季富政先生对巴蜀民居建筑的研究也作出了重要贡献

早在 1994 年，季先生和庄裕光先生就出版了《四川小镇民居精选》一书，书中有 100 多幅四川各地民居建筑的写生画，引人入胜。在 2000 年出版的《巴蜀城镇与民居》一书中，精选了各类民居 20 例，图文并茂地进行讲解分析。在 2007 年出版的《三峡古典场镇》一书中，也有大量的场镇民居实例。这些成果受到陈志华先生的充分肯定。在 2008 年出版的《采风乡土：巴蜀城镇与民居续集》中，分汉族民居和少数民族民居两类加以分析阐述。

2011 年季先生出版了四本书：《单线手绘民居》《巴蜀屋语》《蜀乡舍踪》《本来宽窄巷子》，把对各种民居的理解作了详细分析。

2013 年，季先生出版《四川民居龙门阵 100 例》，分为田园散居、街道民居、碉楼民居、名人故居、宅第庄园、羌族民居六种类型加以阐释。

2017 年交稿，2019 年季先生去世后才出版的《民居·聚落：西南地区乡土建筑文化》一书中，亦有大量篇幅阐述了他对巴蜀民居建筑的独到见解。

4. 季富政先生作为建筑教育家，培养了一批硕士生和本科生，使西南交通大学建筑学院在民居研究和少数民族建筑研究上取得突出成果

季先生自己带的研究生共有 30 多名，其中有一半留在高校从事建筑教育。他带领参加传统民居考察、测绘和研究的本科生有 100 多名。他使西南交通大学的建筑教育形成民居研究和少数民族建筑研究的重要特色。这是季先生对建筑教育的重要贡献。

5. 季富政先生多才多艺

季富政先生多才多艺，不仅著有《季富政乡土建筑钢笔画》，还有《季富政水粉画》《季富政水墨山水画》等图书出版。

以上综述了季先生的多方面的成就和贡献。他的著作的整理和出版，是建筑学术界和建筑教育界的一件大事。我作为季先生的生前好友，翘首以待其出版喜讯的早日传来。

是为序。

吴庆洲

华南理工大学建筑学院教授、博士生导师

亚热带建筑科学国家重点实验室学术委员

中国城市规划学会历史文化名城规划学术委员会委员

2023 年 5 月 12 日

目 录

前　言

　　季富政先生从美术、语言文学专业的造诣出发，涉猎建筑。长期以来，他在教学之余，致力于我国传统建筑文化的研究，殚精竭虑，孜孜不倦，博览群书，不顾严寒酷暑，亲身实践，足迹遍及全川。他积累了大量的有关地方建筑的形象素材，收集了有关当地传统文化的丰富史料，其中速写、照片逾百上千，行文、畅论达数十万字，为四川地区地方建筑文化特色的形成及其发展提供了有形有象的依据，发表了有情有理的见解。

　　读他的文章，我有如下一些感受：

　　第一个特色是他立足于文化来论述建筑，这是探索建筑发展的深层次构想和举措。中国建筑文化如同文学、音乐、绘画一样，是中国传统文化中一个有机组成部分，它在世界建筑文化中也是独树一帜、自成一格的，反映着对人、对自然、对社会的尊重和关注。一个国家、一个民族历史发展水平和成就可以从这里探根溯源，了解它的发展轨迹，区别它的良莠因果，认识它的审美特征，可以增强我们的民族自豪感和责任感，从而推陈出新、继往开来。

　　第二个特色是他把有些文章论述的中心摆在一些人想做却很少做到、很多人知其然而不知其所以然，听起来似乎很普遍，但又说不出个道理的内容上。从命题中就可看出他在这方面的独特构想，诸如名山寺庙与民居、方言与情理、风水与环境、山水画与建筑等的互补关系与相互影响，以及一些造型奇特、风格独具的小乡小镇和民居、碉楼之类的民间建筑等。像这样的课题需要发掘的还很多。这些课题看起来似乎很小、很简单，它却更广泛地反映了我国人民的传统文化心态和追求。大课题需要探讨，小课题也需要开拓。不厌其烦地去深入研究它们，在深度和广度上同时并进，对深刻认识并理解我们的文化层次大有裨益。

第三个特色是他把建筑、建筑环境和形象绘画结合起来。建筑和建筑环境总是作为人的视觉对象而存在的，人、建筑、环境三者永远是相依共存而不可分的。讨论建筑常常离不开画，评议建筑往往离不开形象。形象的东西用图和画的方式表达，比用文字描述和语言解释更为清楚直接，更容易被人认识和理解。因此，以画代言、以图表文、以象纪实、以形达意，几乎成为所有建筑师述怀寄志、达情表意的有效手段。图文并茂，将创作与欣赏之间的意和象、感和受、内和外、主观和客观等对应关系都充分联系在一起，在吟文运篇中也可获得额外的审美享受，阅读起来，自是比那些缺图少像的文章要有趣得多。

总而言之，季君的文章，言之有物，读之有味。此话对否，还请广大的读者朋友共同研究。

汪国瑜

2019 年 3 月

于清华园半窗斋

杂而有序的川中宅院

　　这是一个川中农村殷实人家的典型宅院，同时又是坡地民居中善用地形的一个佳例。此宅于民国初年兴建。

　　王宅居于杨村河畔柳江镇的镇头上，河床中大大小小的鹅卵石被砌成基脚，又成为坚固的河堤。于是王宅获得了原为荒滩，后经改造而成的一块平地，但是狭长的平面却给方正对称的传统住宅的建造带来了困难，仅是一种意向的遵循关系。大门从中把宅院分成两大部分，右为住宅小院。小院看似对称，其实靠河岸一排的开间小得多，但光线好、干燥，还可临窗观览风光，于是居住、读书、会客都放在这一边，此可算右厢房。

/八 王宅透视图

/𝗄 王宅夏季环境

左厢房稍宽，因靠岩坎潮湿，全安排作厨灶、餐厅、杂物间之用。象征性的正房只有一坡屋面，空间狭小不能大用，权作祖堂，今已改造，仅设香火而已，不能像一般堂屋在此议事待客，恰也因此增大了天井采光面，感觉既宁静又明朗。

大门正对一阁楼，它是碉楼的变体，武为文作，供读书、瞭望之用；大门左边的大群建筑，有戏楼、过厅、院坝及众多房间。因坐落于镇头，亦作旅栈之用。这样，宅院就聚集了住宅、阁楼、戏楼诸多功能，杂而有序。加之四周大黄桷树、麻柳树、楠竹浓荫如盖，有的树枝斜垂院内，自然与建筑交融无处不在，更显二者密不可分的韵致。

（原载《汉声》1994年6月）

山水画·民居

古往今来，山水画不约而同以民居为主要建筑内容，表现在尺幅之间。茅屋风障，黑瓦白墙，土夯石砌——无论土风的，仪轨森严的，概然为山水画所容纳，不过似乎与擅长表现官式建筑和住宅的界画缘分不大，因此，民居与写意山水同为一营，甚为亲密。即使偶有不用界笔直尺的工笔点染民居者，然倜傥无羁之态，潇洒恣放之情，均被慎严拘谨、亦步亦趋所取代。诚然，此也是内容和形式的统一现象，亦可取得相得益彰的效果。而比较建筑与环境、民居与自然高度的、内涵一致的同构规律，却相去甚远。唯有写意山水使人感到它们之间相安无事，天衣无缝，至臻至善，天机融融。何以非此不可，舍此便大相径庭。此乃对山水画内涵深层理解的奥秘所在。洞察其现象，窥探其深邃，自是一番乐趣。

建筑与绘画的同构现象中，官式建筑诸如宫殿、府衙等多同构于金碧同施、辉煌灿烂的界画之类。即便有表现宅第、庄园一类官式住宅者，亦工笔为之，或小写兼工，脱离不了谨小慎微、尺度俨然、结构规范、笔墨工整的格调，犹如建筑表现图。此类住宅，虽"民"实"官"，历代统治者都有相袭下来的。从建筑形制、结构色彩，到局部构件等方面都有严苛规定及法定做法。比如远至春秋时代，大者"天子九间，公侯七间，士大夫五间"的住宅制度，就规定什么样人该造什么样的住宅，延至明清，都有严格的法定界限。小者到府第正门用的"环"。明清时规定公主府第正门用"绿油钢环"，公侯用"金漆锡环"，一二品官用"绿油锡环"，三至五品官用"黑油锡环"，六至九品官用"黑油铁环"。至于色彩、装饰等，则烦冗至极，就难以再罗列了。历来写意山水画家于此类官式住宅不顾，专注于等级外的庶民百姓的居住空间。若有人欲表现官式住宅，首先就有一个若有不慎就会触犯朝廷的问题。姑不论历朝历代文字狱之疯狂泛滥，绘画亦可构成"画狱"，所以历史上表现民居者多避开此类"民居"，免生麻烦。更何况此类民居动辄由四合大院、中轴线布局等等一套复杂的呆板形式构成，与写意山水形式洒脱恣意放纵，追摹自然不相切合，这就使绘画史上少见写意山水中的建筑有几重天井、若干院落相连的大型民居，而只是以单体民居为甚为多。发展到近现代民居，更是画得少而简，贫弱而单薄。像黄宾虹、黄秋园、陈子庄，更是舍去了众多作为判断空间使用功能划分上的部分，多留下书房、客厅一类"读书人空间"，或仅一副外形框架。这种以表现一般百姓民居为绘画内容的历史发展不能不使人联想到画家的思想进程和人文追求。此虽仅山水画中的"点缀"，亦足可反映社会历史的演变，以及从中透溢散发出来的画家与民同类、与民同乐的民主思想。这种通过建筑寄情山水、讴歌人民的艺术现象，极类似于印象派和巡回展览派之于学院派，列宁认为前者是俄国民主革命的先声，它给陈腐的空气带来一股泥土的清新。

历来山水画家都有穷其"万里路"之遥的宏旨，即深入到大自然中和民间去，其所能容纳者堪称"有教无类"。官场失魂落魄者可，四海飘游者可，隐匿为僧者可，索居为民者可，前提是倾心真挚。历史上找不出一个足不出户的山水画大家。这就扫去了和自然相悖的迂腐习气，贴近了大自然坦荡的胸怀。自然的博大奥妙、崇高，生命力的永无穷尽，使画家自惭形秽，崇拜它，亲近它，转而羡慕和它融为一体的人民，人民之苦乐，自濡染其身心。诚然过激过偏者会萌生隔绝尘世，以彻底洁净过去的遐想。理虽不可，情却神往杳无人烟之地，或林莽山户，或野水孤民。陶潜先生更是空构了一幅落英芳草、老死不相往来的自然与人的乌托邦境地。这种理与情的矛盾及带来的苦恼，宣泄它的最好不过书画诗文，即现代人所说的求得心理平衡。难道具有辩证思维能力和其社会氛围的现代人厌恶这种境界吗？只不过换了充满现代价值观念的说法，叫生态环境净化。净化，不是还原大自然的本来面目吗？所以，越是现代，那些一尘不染的山水画越是走俏。

作为绘画，构成艺术美的基本法则是：完善无序和有序的形式组织过程。

自然的无序通过相互制约达到有序，展现在画家眼前的是一种优胜劣汰的自由竞争态势。此极吻合人类社会从无序到有序的生态构成，亦极吻合画家对景写生或创作过程中的发挥过程，总是大自然最美的部分才留在了画中，总是自认为契合自己审美趣味的部分最美，画家于此过程，享受到了一番从无序到有序的艰苦构思，再到笔墨酣畅的乐趣，达到了一次心理塑造的满足。作为民居，这是自然中无序状态的一个组成部分，尤其是那些素材直接取于自然的山野田园民居。木、泥、石、草、树皮、秸秆等等，几无加工，而民居多傍山近水而建，以生产生活方便为最，精神寄托十分质朴。由此产生的平面布置、立面关系、间架结构、空间组合、色彩装饰、路桥搭配、家什用具、风障篱笆、环境树木呼应等等，无不随处生发，和大自然有机地适成一体。开始建房时，新土新木、梁架规范，似乎自成有序，和自然相比而成无序。时间一久，气候地况常扰不息，周围植物簇拥而上。色泽接近自然，梁柱倾斜亦如自然，于是它又回到自然有序的怀抱中来。在人为的空间形态与大自然的变化过程中，实则还有一个人与自然相互征服的过程，这种斗争的时间延续，蕴含了艰辛的美丽文

/∧ 江边小楼

化，若加上风水相宅、民风民俗、神鬼传说及一切人与社会的交往，时间越久，让人感到民居的文化积淀越厚，越具有吸引人的文化内涵，越是酵发出大自然浓烈的生机，越是投契画家创作个性的自由，越是接近点、线、面、色的绘画形式构成，越是深入现代人竭力追求的多维空间理想。我想这就是山水风景画家为什么专拣"破房子"画的原因。就其平面布置而言，空间组合等属于建筑的侧面，亦是建筑学界誉称为民居的"随意性"，并广泛意识到它是现代建筑设计中一种最具借鉴价值的、积蓄了丰富的创作个性的广阔空间。建筑大师徐尚志教授一向认为"建筑风格来自民间"，并推阐民居作为重要的一个方面。你看，它和写意山水某些本质内涵何等的相似。

随意性、看似漫不经心的心态和行为，它和写意山水不事雕琢，不以直接对景写生为目的，而以"搜尽奇峰打草稿"捕捉山水精髓的意象把握、经营画面同属一个心态层面。进而大笔挥挥，横涂纵抹，随处生发行为，恰如民居完善过程中的修补和增减，亦如其和自然从无序到有序的衍变。陆俨少先生"初无定稿"，积小面而成大面，由小到大，"笔笔生发"，事前并无如建筑设计画一般清晰完整的格局。如此之作往往流韵清发，笔酣墨飞，达成和自然同质同理的天成之意趣。亦正对应中国传统文人无拘无束、倾心大自然的心态，亦可说其画面是这种心态的生发。值得一提的是这不等于延长。延长是单向的，而生发是全方位的。再看吴道子和李思训同画嘉陵江山水。前者"臣无粉本"，沿江漫游数日，打腹稿，集感受。后者对景写生，结果在大同壁的粉墙上，"李思训数日之功，吴道子一日之迹"，终是吴道子《嘉陵江三百里风光图》传颂千古。李思训对景写生，思维被动，为局部现象所约束。后期创作时，难以把握整体，驰骋空间狭小，大大阻碍了随意心态和行为的展开。可见随意者，是顺应大自然整体物质面貌和精神实质的积极能动的思维活动，同时也道出了画家"行万里路"中，怎样去观察大自然的辩证关系。民居无过多的羁绊，尤其是名山大川，画家垂爱之地，往往地形险恶。民居相宅回旋余地甚少，这就为随意性带来了条件，反得民居造型的不拘一格。这种百姓清澈自由的心态物化，和山水画家倾慕自然、欲求画面不致板滞的心态不谋而合。貌随心变，情随物变，情景自然交融，适为一拍。作为中国文人，品格秉性相似的建筑师们与其同流、合拍而唱，当属一营之调，也就顺乎天理了。

前述大自然中，一切竞相争荣，千姿百态似成无序之态，恰相互制约又归复有序之状，造成谐调的自然社会，这是生命竞争的结果。民居建筑材料多直接取之于它，基本上保留着材料的原始生命因素，有的梁柱直中有弯，气味沁芳，基脚墙石就地汇集垒砌，竹夹壁泥色新鲜如初。有的简易之所及偏厦甚至树皮都不曾剥去。像草、秸秆、树枝、石等材料的广泛应用更是随处皆是。一切均保持着自然的基本形态和生命的特点，只不过完成了一次人为的有序组合，而材料本身无不处处散发出蓬勃的生命气息。用经过烧制的砖，上过釉色的瓦，彩饰过艳、雕凿过粹的构件建造起来的民居，似乎烧制、彩饰、雕凿等是扼杀自然生命的手段，隔绝了建筑与自然之间在材料上的生命联系，亲切之感大不如前者，也少见山水画家表现砖房子、五颜六色的房子。诚然，这种民居又必定依赖经济条件的支持，多为权财势大之家所为，又必然带来绘画所忌讳的造型复杂规范，仪轨森严刻板等因素，更有悖于画家追求的静谧、清远、简淡、纯粹境界，所以，现代材料的现代建筑则彻底与这一古老的画种绝缘了。然而在特定国度、文化的国家，建筑师们意识到，作为传统文化生发，是必须要在建筑本身及环境上体现出来的。于是借鉴民居和传统园林者，山水画中的构思者，其现代建筑作品比皆是，黄山云谷山庄、白天鹅宾馆便是上乘之例。话又说回来，时间一久，那些砖瓦房慢慢染上绿苔，色泽变得灰暗，藤蔓爬上屋架，树木簇拥其间，它们又回到自然的怀抱。但有一点，这些砖瓦房的外观造型必须是中国传统手法的，于是山水画家亲昵这类题材，同样推出美妙境界。石鲁的"家家都在花丛中"，李可染笔下众多小型砖瓦民居，亦是此类佳例。

近现代山水画家，以写意为主流。画家与自然，山水画与民居的相互间关系，使我们看到在对待民居这一绘画题材的特定空间构成表现中，观念发生了很大变化。近现代人偏重精神寄托，民居与自然、画面的统一关系，不像古人可深入到"可居"的物质向往。这除了时代不同，经济、环境、条件发生变化，越来越快的物质创造和丰富及节奏，和古人相反，更需要精神"可居""可游"的寓所。至于房子在建筑上是怎样回事，则根本不在运筹之内，房子歪了、梁柱斜了于画面有何妨？而古人生存环境高度封闭和原始，所需的更是物质条件的改善。衣、食、住、行，除"食"不好在画面上出现外，住和行在古山水画中，该是多么辉煌。现代山水画几乎绝尽车马，绝尽人烟、残垣破壁败瓦，足

/⋀ 镇旁人家——享尽大自然情趣的山民

可证明现代人精神空泛，亦需从大自然中掘取更多养料，这一时代变化引起的物质精神不平衡又必须平衡所产生的现象。

绝大多数传统民居终有一天会在地球上消失，它是不是临近山脊的美丽的夕阳呢？建筑界严重意识到了，各省市的建筑师们加紧挽留它，使之多在天地中待一会儿。广东、浙江、江苏、福建、云南、广西、吉林、四川等省、自治区相继推出民居大型册子。传统文化在这千姿百态的载体上，以其优美的造型，让人回肠荡气的文化，闪耀在中华大地。尤以广西《桂北民居》中的钢笔画为代表，其意境、手法已不是过去纯建筑表现形式，处处流露出和绘画相糅相济的艺术美追求，博得了好评。那么，作为绘画，作为山水画，如何使地球上快消失的东西得以继续呢？尤其是绘画力所能及的表现侧面，建筑界以他们特有的角度去研究整理。古往今来一直视民居为山水画中的主要建筑内容的画界，到现在和今后，总不至于从过去人的作品里乞讨民居模型和素材吧。

浓荫桥头舍

山水画・建筑

　　山水画之于建筑，建筑之于山水画，无论谁之于谁，在当代审美意识的发展中都发生了很大变化。

　　建筑理论家顾孟潮谈到当代中国建筑艺术的危机时指出，观念决定语言。他说：古典建筑语言是"万能神的语言"，现代建筑语言是"机器美学的语言"。而后现代建筑语言，他强调，"是商业社会的语言，小人物的地方方言，追求交往与对话语境和气氛的语言，它于讽刺、挖苦、打击的环境中发展壮大，甚至挤进全国优秀设计奖的行列"。顾孟潮引用后现代主义建筑大师文丘里的话又说，"建筑艺术应当是一种交流思想的工具"，"是眼前视觉的享受和刺激"。显而易见，体验部位（眼、耳、鼻、舌、身、心）大大多于绘画的建筑艺术及其观念在当代发生了历史性的变化。

　　山水画中的建筑语言不是建筑学意义上的建筑语言描述，但它在封建时代却表现出了相似的"万能语言"作用。所以在中国建筑史的早期章节中，才有隋人展子虔的《游春图》和五代卫贤的《高士图》中的建筑，它们作为鉴证存在于建筑历史中。前者也是目前已知的，在山水画中最早的古典建筑语言描述。从那时到现在，古典建筑语言在山水画中的叙述，一直滔滔不绝地唠叨了几千年，并以其比例、尺度、对称、韵律、节奏、壮重、崇高等等不可亵渎的美学准则展显，扬威于华夏大地。建筑在谈到它的过去时，只是作为历史。然而今天的建筑观念及其作品，却以全新的姿态和面貌出现，如此尚嫌处于危机之中。回过头来看山水画中的建筑，好多仍停留在隋朝展子虔《游春图》中的境地。同是文化，别人前进了，何故山水画竟如此？当然，功能不同是决定一切的，并且，文化诸科的整体发展不会久久等待你的孤芳自赏。于是山水画家们一个个为变革焦头烂额，尤以近10年一场突破古典语言的攻坚战打得分外激烈。山水画中的房子一歪再歪，一变再变，和任何时代的建筑形象的语言描述比较，早已面目全非了。不过，万变不离其宗，其传统内涵和文化本质仍健在画中，只是去掉"可居可游"方面，剩下了纯粹的精神境界。现代建筑和山水画分道扬镳，今后建筑史上再也不会出现山水画中的建筑了。所以无论山水画之于建筑或建筑之于山水画，相互之间的语言描述关系不复存在，维系它们关系的只是一副精神框架，山水画仅剩下"可乐"作用，房子不管怎么歪、破、怪，建筑师和寻常百姓不因此有所非难，不会去寻找画里的给众多生理部位带来愉悦的空间，歪歪斜斜可，破破烂烂也可，好看就行。如此，山水画中的建筑也就完善了它的历史的艺术使命，画人也不亦乐乎，而不企求还以建筑的特定意义留芳于建筑史中，因为那样就过怀奢望了。

人们理解歪、破、怪的山水建筑表现，不把它当回事看待，潜意识或有意识地把它看作一种艺术现象和审美发展，无疑这是时代审美兴趣的进步，它至少吻合了现代社会先进的分工发展趋势。山水画不是包医百病的"多宝道人"，有其自身的条件、局限和历史，在艺术形式的汪洋大海中，偏离它最擅长、独到的表现范围，强迫它去表现工厂烟囱不行，从建筑学的角度表现规范的空间也不行，它循着自己的规律发展衍变，去完善一条归宿之路，却是不以人们意志为转移的，也是人们能接受的。对于这种画者与观众之间的认同，笔者曾对当代建筑学专业的学生做过一次实验，即布置一次面对现代建筑和破败民居并存的景点的自由写生。结果以通晓当代世界建筑新潮流为能事为时髦的大学生，不约而同地选择了破房子作为写生对象。这一情与理的反差引起我极大的兴趣，为此组织了一次无拘束的讨论，大家共同认为：

破房子结构，线、面、色彩、光影变化无穷，构成了有机的无限深邃的空间。画它不一定就想到它是房子，而感到是一种愉悦的主客体相互交流的自由空间体验。通过它，体味到空间的感召力，觉得空间与人的关系的理论说教一下变得非常近，非常具体，似有稍纵即逝之感，不画心里难受。主体实则抓取到一种调节、净化心理的机会，尤其是面对充满紧迫感的现代社会。

在建筑与环境的关系上，感觉房子与自然界的一草一木就是一回事，天然密合，一切顺乎天理，水到渠成。无疏导、无暗示、无修饰、无言不由衷、无刀砍斧凿之气，畅快流淌，侃侃之言来自肺腑。在如此气氛面前，矫揉虚假无地自容，昭然若揭，人的本质尤其是扭曲之态再一次得到净化、复苏。

常在现代建筑的规范尺度里思维和操作，整天满脑子有序的枯燥空间，约束了潜意识中向往自由空间的创造基因，破房子作为中介，一下子触动、引发了这种生命活力基因，似乎唤醒了那些藏得很深的创作自由空间的意识。反映到表层意义上，恰是一种精神生活的补充，一种人生与社会的均衡维系。当然，反过来也是一种理智的精神力量与要求，来支持自己的价值观念和对美好的希望。

诚然，这里夹杂着对农业社会的眷恋。我们都是从小生产单位空间生活过来的，生命基因一旦被破房子民居这种农业社会的遗迹激活，则眷恋表现为赞叹，扩而大之为美誉，缩而小之为固习。过激过情者皆不能自拔于这种农业社会落后面的对应物，宜取其长处而舍其短处。像学传统山水功夫，入窠臼是为跳出窠臼，丝毫眷恋不得。

讨论下来，感到大学生们还是辩证地对待现实生活中的现象的。回过头来欣赏山水画，并以画境中的破歪房子而揣度画家之心，二者何尝不是同出一理。只不过大学生画破房子、欣赏破房子出于特定的专业意识和目的，显得比一般观者更能深入去思考，表现为对知识的融会贯通和悟性，层次是较高的，一般观者来得慢点。一旦知识面的铺就和融会成气候，则不容我们去担心了。大约这就是可变的欣赏层次之分。画家当然更以职业的观察与思考去对待笔下的破房子，和大学生们的认识基本趋同，所以，近10年来表现出对山水画中建筑处理的灵活性和明智性，更多地摆脱了那些不属于自己表现领域的羁绊，而努力寻找自身最恰当的形式和内容。它的依据来自时代，来自广大的欣赏层，来自约定俗成的共同认可的审美情趣和准则。

历史是否就如此铸成，一成不变？我以为山水画及其画中建筑应是发展的，历史上出现过画中建筑和建筑学较为同步的现象，以后是否会出现和历史惊人的相似呢？从西非木雕到贵州傩谱都以其原始风范领风骚于当代，否定着这种提问，似乎显示出不可能性。难道这是永恒的吗？终有一天地球上丰富多彩的土风建筑都会消失，那时成长起来的人都从现代空间孕育而生，就不是什么断代问题，简直就是与过去的空间形式无缘。仅凭遗留下来的图画、照片、文字、影像等资料，就能维系破房子在山水画中的存在吗？或许只剩一副精神框架，就像如今原始社会的巢穴之居唤不起作画灵感，不见其在山水画中出现，只是作为教科书中的内容一样。那么，现在山水画中的破房子歪房子现象是权宜之计的变化过程呢，还是画中建筑的最后变形，或是古典建筑语言表现为绘画叙述的回光返照？若如此，最终不又堕入对农业社会落后面的眷恋之中了吗？若干年后凭什么直接的空间依据授其体验让其发挥呢？那时的现代建筑是否会把破歪房子统统赶出画面呢？我相信现在谁也会说不会的。但从人类历史的发展和建筑空间形式的衍变来看，做一点预测，不会是痴人狂说吧。这实在是一种艺术形式的生命力面临的严峻考验，就如一些戏剧受到的考验一样。这似乎在否定前面的叙述，其实，我们站在若干年后高度现代化的人的角度想一想，做一些长远之思不也是愉快的吗？何况山水画里的建筑已经变得尸骨不存了。再向前问几个为什么，还会不会变，怎样变，依据何在，等等，不更是显得当今之变不盲目吗？

目前，有山水画表现农村10年改革后出现的用现代建筑材料和结构建造起来的房子，一般体量较小，保持着部分传统民居特色，画得战战兢兢，有牙牙学语和生怕别人说丑的畏惧之色。这和画工厂烟囱的方盒子建筑，无论内涵、环境、人文沿袭、自身构造等都不可同日而语，因其身上有着传统民居的延续因素。这一端倪是否是一个信号，告知人们，这些房子打着传统的幌子，躲在传统审美习惯的大伞下开始临近山水画中的桥头堡，这些作者多是"早晨八九点钟的太阳"的年轻人。这是好事呢还是坏事，是必然呢还是偶然？悠悠万事，发展为大，这是人类物质与精神存在的最高目的。祈同行多作一些讨论。

语言是无可厚非的，无论过去的还是现代的，作为现象，归根结底，透析出背后观念的光环，光环的色彩无论如何迷人，无论怎样以各自独特的色泽闪耀在不同领域，终归是代表观念在那里闪烁。而且观念蕴积历史越久，酝酿得越浓厚，不免芬芳中掺杂着异味，现代山水画中的变形房子既反映了观念的变化，醇化着山水画这种独特领域里的观念发展，同时又面临新的危机和进一步的观念变化要求，我想这是永无止境的。

川西山中杉皮屋

也许，艺术和人类物种的发展是两码事，前者表现为变化的规律，后者表现为进化的规律，山水画因其表现大自然的同时也表现着物种的进化，所以才绝然少见史前的动植物和原始的巢穴之居。但它的形式是会永远存在发展下去的，匿迹的是一些内容，这同时也表现出变化中的进化。

戏楼与民居

　　如何吸取传统建筑精华并将之应用于现代建筑设计中？这常局限并受制于微观的具体空间及相互关系，甚至技能技巧。这些实在的借鉴，若处理得好，也还小有动人之处，但它丝毫没有触及中国传统建筑和文化之间内在的有机联系，世人看来不免觉得附会肤浅。因此，传统建筑文化作为文化中一个博大精深的特殊领域，对于它的探讨应是和建筑既有联系更有超越的广阔的宏观概念。建筑是"实"，既有先民遗留下来的考古学的物质意义，又有留存和发展至今的物质意义，以及两者一脉相承、由物质引起的文化效应，我们姑且视此为"虚"，即建筑文化。虚实相生为传统建筑的精华所在，也是中华建筑以不可比拟的姿态立于世界不败之地的坚盾。建筑和其他传统文化，诸如绘画、雕刻、塑造同出一脉。它们功能虽有大不同之处，作为文化，着眼于虚，以虚惠实、以实窥虚，从而构成美的物质与精神谐和体，却是相同的。如果从揭开民居和戏楼关系这一建筑文化现象看，又把它摆在特定地域、社会、历史等条件下来分析其所散发出来的温馨文化气息，我们也许能更深一层地体验到这种超乎物质本身的关系。

　　戏楼，亦称乐楼、献技楼等，是和戏剧相伴而生的建筑。考古发掘的戏台模型、乐伎陶俑、古代乐器及石窟壁画，证实了其渊远的历史。而历代关于乐府、梨园、礼乐的记载亦证实宫廷、寺庙等地皆有戏剧活动场合。但对于民间建筑，诸如城镇、宅院之类和戏剧活动场合有何关系，则少有记载，尤其是对戏楼和宅院之间关系的研究则更为少见，此至少说明这种建筑现象在历史、地域上不具普遍性。即使有，它亦是不甚重要的，或为区域建筑文化现象。这正是本文要探讨的。然而区域的特殊性构成了整体的多样性，这亦正是中华建筑文化丰富之处，四川戏楼与民居关系充分说明了这一点。巴蜀戏剧的发展在汉代就颇具规模，画像砖上的乐伎杂要，"双鹤舞于庭，倡优舞于前"的生动描绘，著名说书人泥俑调侃貌都印证了它的历史。而"在前并无戏园，光绪三十二年（公元1906年）吴碧澄创立于会府北街之可园"（《成都通览》，傅崇矩编，巴蜀书社1987年版），即把营业性戏园的历史和以前的戏楼非商业性作用断然分开。也就是说光绪三十二年前，巴蜀地区的戏剧活动都是在祠堂、会馆、场镇、宅院内及其他露天场所展开。至少在作为全省中心的成都是如此。

四川是一个四周山脉阻隔，超稳定的自给自足地理环境，长期保持一种不服王化的性格和文化精神，造成了"好音乐，少愁苦，尚奢靡，性轻扬，喜虚称。庠塾聚学者众，然怀土罕趋仕进"的喜乐狷狂，好学轻仕的独立叛逆世风。这种沿袭下来的民风，足以对建筑产生影响，而成为巴蜀文化的一个侧面。加之清初以来地方剧种的蓬勃发展，各省移民的聚族帮会活动，便形成了以上场合戏楼比比皆是的建筑大观。不过这些场合都有公私之分，除宅院外，都是公共性质的。那么，置戏楼于宅院之中，由此烘托出来的建筑文化气氛显然就大大区别于公共性质的了。戏楼置于宅院之中，有的宅院常同时配置碉堡。一文一武，犹如门神，昭示了特定的建筑功能，包含了中国传统家庭的文化向往，不仅丰富了宅院空间的宽泛容量，还成为多样且浓郁的神秘东方文化的重要组成部分。但是具有"武"作用的碉楼是不能设置在中轴线上的，而戏楼虽不可跃居正堂之上，却常处在和正堂唱对台戏的中轴线另一端，即正大门位置。此足见封建制度对于宗法伦理感化教育形式的重视，亦和神位香火把天地君亲师供为神明，其中"师"也在神位上有异曲同工之理。而碉楼不过是家丁宅卒，何理相提并论？"师"与戏子均为下九之流，家庭奉承于他，并给他一定地位，不难看出所谓铁板一块的封建制度下其实有若干灵活变通之处。这种通过建筑形式展示出来的现象，在四川如此之广，数量何止万千，通以清初移民运动为转折。

清初，湖北、湖南、广东、福建、江西等省移民迁居四川。因远离故土，又"五方杂处"宗法观念很深，同宗同族都有一个固定祭祀祖先的地方，这便是宗祠。康熙十三年（公元 1674 年），玄烨称："湖广入川之人，每每与四川人争讼。"各省之人为维护其利益，各自为团，结立会馆，藉以联乡情，保公利。祠堂和会馆均系"公房"，其戏楼是作为联络情感的纽带，为一族一会之用。寺庙、场镇之地的戏楼，则更是什么人都可享用。那么，一些自由度很高的豪富，有家无族的绅粮，荣归故土的官宦，雄踞一方的匪霸，往往不屑于集体从事，或无处看戏，或经常想看戏，或以戏作为联络乡里的手段，或以戏显示财富和儒雅，于是在居家宅院中自立戏楼之风广泛兴起。加之四川有地位的大户宅院不少分散在乡间，距有戏楼的地方太远，这也是造成在宅院中建戏楼的原因。不仅如此，有的宅院还设立支祠，配置私家园林等，不过，有戏楼的宅院，在数量上就远没有祠堂、会馆多了。

这种融宅院、戏楼、碉楼、园林于一体的建筑体系，或有碉楼无戏楼，或有戏楼无碉楼。从形制上讲，这些均是传统住宅制度的变通和完善。碉楼在宅院及单体之中的布置上，多左右而置，绝不冲煞中轴系列空间。戏楼则不然，多有摆在大门之后，面迎中轴另一端的正厅堂的例子（涪陵陈万宝宅），但往往大门被一堵高墙封闭，适成戏楼依靠的后立面，宅院大门亦改在前侧面。川内宅院布局，多数如此。戏楼居中，门由侧入，除便于看戏外，还有别于祠堂、会馆的神圣。祠堂、会馆中的戏楼虽也立于中轴一端，然居中大门仍然存在。人由此入，则必经戏楼之下似过廊的"门洞"，此"门洞"常低矮黑暗，让人感觉压抑、别扭。这恰是封建色彩浓重的弊病在建筑上的反映。当然也有高朗者，如有的大会馆，不过又给前排看戏者带来诸多不便。门由侧入，戏台降低到 1.5 米以下时视觉感受最佳，则大为亲近作为居住空间的融洽气氛。除以上例子外，有的宅院中戏楼只是或者退化为一种装饰点缀之用，或用作无大动作的曲艺专用演出场所，或纯粹是一种"制度"需要。当代画坛大师石鲁，其仁寿县文宫乡故居大门后的戏楼，亦是这种象征意义的做法。这种戏楼进深不过两米左右，空有其楼，完全是对一方宅院"完善"的敷衍。当然，这种多见于清末民初的做法，是封建制度临近尾声在建筑上的微妙显露，亦是有文化的开明家庭率先而为之。这种戏楼结构简单如朝门，仅多了一楼面，剩下两根柱头支撑，屋面也存一坡，和传统戏楼相去甚远。戏楼在某些地形和特殊意义的平面上，亦有不设在中轴上的。洪雅县柳江乡曾义成宅，以"寿"字形作为宅院平面，以笔画意会建房，在宅院中设置三个戏楼，自然无中轴可言，戏楼随笔画所需，一正两侧，正面和一侧面有楼，另一个为平台，三个均同兼作过廊用，为川中稀罕的奇例。无论怎样变，戏楼都多有区别于庙、堂、馆的布局与内涵，又不冒犯传统建筑仪轨的威严，公私之别，犹如泾渭。其深刻之理：一是上有政策、下有对策折中而就的传统文化风范，二是四川山高皇帝远的地理与文化独立精神条件，三是民间艺人建筑技艺的圆熟嬗变。南方一些多功能庭院，置戏楼于其中者，似乎无法与北方相比较，至少在数量上如此。主要原因是移民运动和戏剧兴旺使戏楼渗透到了社会底层，"康熙中叶开始清代地方剧种发展到了蓬勃兴起和广泛流布的阶段。另一方面，当时大量外地人口向四川迁移，加强了四川与相关省区的经济联系与文化交往。因而不同声腔的剧种也伴随着移民的脚迹进入了四川"（《四川古代史稿》，蒙默等著）。据粗略估计，戏楼数量以万计。一个偏远场镇，九宫八庙俱全，其中戏楼有十来个。这同时也给宅院戏楼

／∧ 罗城戏楼与街道

带来发展机会。

　　四川民居，秉承中国传统民居格局，低矮平淡，造型简薄，轮廓线率直生硬，若缺少优美的自然环境和人文气息浓厚的小品般建筑的烘托，较难酝酿出诱人的文化感染力，激发出强烈的审美情感。抽开后两者，千篇一律的形体亦空洞枯燥。宅院有戏楼者，因戏楼高出住宅屋面，宅院的轮廓线就产生了节奏变化，高高低低中又有歇山式等不同屋面结构相间，加之四角高翘、屋脊装饰的夸张渲染，而似庙非庙、似亭非亭、似阁非阁的空间恰又糅合在宅院之中，那么，一种充满神秘气氛的文化因子便荡漾其间，产生出吸引人的审美力量，营造出使人遐想的艺术氛围，传达出东方固有的区域建筑文化特色。重要的一点是：作为建筑本身，像戏楼、碉楼一类的建筑，此时对宅院而言，同时又是一种环境，也就加深了宅院的文化含义。虽然川内戏楼大同小异，无甚惊人之处，但若走进宅院中，仔细玩味，从若干局部处理上亦能感到其和住宅的关系有不少令人开心之处。洪雅县柳江乡王宅戏楼，楼面呈"凹"字形，中为戏楼，三面为居室，像现代住宅，中为共享空间，集过厅、议事"堂屋"诸多功能于一体。戏楼有戏演戏，更多的是无戏之时聊作他用。这不仅有效地利用了空间，还因为经常使用而又保护了木结构质地。因其宽敞，光线明朗，人居于此，十分惬意爽快，并有"人生舞台"之感。江安县夕佳山黄宅，除有固定戏楼外，还常把过廊当戏台。观者随置椅凳于台下，方便随意，不拘一格，犹如处理家中常事，亦如剧中角色参与情节，极尽人生之乐事。类似过廊当戏台，戏台当过廊，甚至以戏楼原型派生出小姐楼、绣花楼者，更可见宅院没有把戏楼当"外人"对待，而是全面地把戏楼的作用融汇到多功能的改造之中，正如新都县金华寺戏楼对联所言："弄假成真，随他演去，无非扬清澈浊；移宫换羽，自我听去，都是教愚化贤。"这里面所包含的人生哲理，是四川人幽默性格不可忽视的侧面体现。对这一切而言，建筑已经不是作为一种媒介和载体存在，而似乎成为人生的有机部分，相互间大有荣辱与共的切肤之感。建筑是"实"，其所生发出来的文化是"虚"，人置其中，常物我两忘。南齐谢赫"六法论"中，推阐"神形兼备"为首要，为艺术最高境界，同时亦是虚实关系在建筑上的最佳注脚。几千年来中华建筑一直遵循这一原则。其深深浅浅的不懈追求，于各类建筑中处处可寻，戏楼和民居的关系亦是在这总纲之下一出别开生面的地方戏。

寺庙菩萨是死戏，戏台上的是假戏，民居里的是一台人生真戏。戏楼置于民居之中，实在是过去时代社会形态的写照，自然影响人生观。假戏贴近真戏，真戏启迪假戏，这种实与虚、真与假的交叉感染，在封建时代维护了宗法伦理纲常，表面上有稳定封建秩序的作用，同时又感染人生，实质上改造着封建统治高压下人被扭曲的性格，为人们接受新事物、新思想创造心理承受的前期准备。可惜历来人们只注重"实"的一面，忽略了对"虚"的一面的研究和总结，这是导致建筑界在历史上社会地位低下的一个原因，因为历史上从来就有视虚为雅、务虚不务实的习气。此虽弊端不少，然而已成社会风气进而影响学风的历史现实，却把对于建筑"虚"的一面，即对文化的研究总结推到令人不屑一顾的地步。有悖于社会的做法自然难于被社会所接受，何况是错误的东西。

场镇戏楼和民居的关系，犹如多功能宅院空间放大，不同者是各类空间布置更趋自由，全视需要而定。场镇戏楼和碉楼一样，位于东西南北中均可，它是寺庙、祠堂、会馆、宅院戏楼的补充，是解决一般百姓看戏难的最普遍设施。如此，戏剧演出便覆盖了整个社会，譬如阆中县水观乡场中戏楼、乐山市金山镇镇旁戏楼、犍为县罗城镇镇中戏楼。无论在镇中还是镇旁，除演戏外，场镇戏楼常派作他用，比如开会演讲，救济施舍，少见据为己有开设茶铺酒肆的。这很值得思考。场镇戏楼跟宅院戏楼一样，多歇山式屋面，和宫殿、寺庙最不同之处是内容决定形式。戏剧内容无所不包，用不着神圣崇高通揽，也多有轻佻浮华之处。所以场镇戏楼少有侈华威严装饰，少筒瓦，多小青瓦，脊饰平淡，也少雕梁画栋，其简单朴实区别于庙、堂、馆戏楼的华丽，但又侈华于一般民居，区别于人字顶住宅。场镇戏楼的朴质大为缩短了其和民居的距离，也就为百姓所亲近。它使人到此既无入民居的温馨，也无入寺庙、祠堂的拘束，而常有幽默、欢快愉悦之感。这就在情感上调节了多种需要。建筑凝固了人的情感，不同类型、功能的建筑又凝固了不同的情感，这就营造了建筑文化的情感氛围。通过它，我们可以由情至理深入更广阔的文化空间。这一切虽由实（建筑）到虚（文化），然而纵观历史，我们却又发现虚制约着实。

戏楼恰因为在外形、结构、装饰诸方面有别于民居，它才活跃了场镇空间节奏，才使四川场镇呆板平实的屋脊轮廓线产生了高强音。有的居于镇中位置的戏楼，同时在左右两侧还配置过街楼，于是俩过街楼之间便亮出一个宽大的戏坝子（如乐山市金山镇戏楼前的戏坝子）。这不仅容纳了更多观众，更在寒场天（四川方言：不赶集的日子）为老人儿童提供了理想的休憩场所，也在赶场天成为人流回旋疏散的吞吐港。这是四川场镇规划中非常精彩的部分，可视作中国建筑文化遗产。以戏楼为中心展开的很多不同形式紧连街道的戏坝子，其周围的民居、街道等，在建筑上往往又是技工艺匠们大展智慧、争奇斗艳的地方。富顺县仙市镇、仪陇县马鞍镇、犍为县罗城镇、雅安市上里镇等均有不同凡响的造作。自然，这些戏坝子自成场镇文化中心，深远地影响着一方人的性情。反观当今旧场镇改造，无源无脉，无根无据，建筑师、规划师插不上手，多表现出随心所欲，或眼光短视，更谈不上个性、格调、虚实结合等传统建筑文化的继承。令人不寒而栗，因为如此下去，将断了传统，更断了中华建筑及学人在世界上的地位。

/八 川东碉楼

四川碉楼民居大观

概　说

　　四川碉楼民居分为两大部分：一为盆地内及周边地区碉楼，多集中于川东涪陵、垫江、巴县、南川、綦江、江津等县及黔江地区，以及川南高县、珙县、宜宾、叙永、古蔺、合江、纳溪等县，部分散见于盆地及周边各地，诸如仪陇、巴中、峨眉、洪雅、马边、沐川、邻水、广安、大竹、仁寿、井研、威远、中江等县。过去几乎县县皆有，尤其是绅粮大户宅第，动辄两至四个环踞前后左右。一般住宅也有一至两个左右而置。发展到城镇，小者镇头镇尾设置一二，城镇大者则有的从屋面冒出一节，或用作瞭望室、书楼、客房，或作为小姐楼、绣花楼。碉楼内涵得以延伸嬗变，其布局、造型、结构、材料、色彩、功能都与住宅发生亲和关系，适成碉楼民居建筑文化现象。二为少数民族地区碉楼，主要是藏族和羌族碉楼。尤其是羌族的石砌碉楼技艺，虽然也对毗邻的藏、汉、回各族的建筑产生了影响，但多在建筑工艺方面。

他们曾深入川东一带授艺，然在风格上难以发现和羌族碉楼有相似之处，所以自成建筑文化系统，不在本文叙述。彝族碉楼和川内碉楼大同小异，故盆地和周边地区碉楼民居为本文探讨重点。

碉楼民居概念

碉楼和民居本属不同概念。碉楼为防御功能建筑，起类似堡、垒、寨、围的作用。从四面围合而言，两者是异曲同工的，然而在民不聊生的封建时代，碉楼和住宅紧靠一起，使碉楼成为保护神，并以门、墙、廊、道、梁柱等结构与住宅统为一体，于是带来了二者之间从平面关系到空间组合的相互衔接、渗透、融汇的变化。碉楼高朗、干燥、明亮、私密、视野开阔诸多优点，更使有的房间长置其上，更不必说聚会、读书、留客，甚至赌博之类，就自然产生了碉楼特定含义的转移性以及和住宅的融合性，从而在建筑中派生出碉楼民居这一特殊空间形态，并形成独特的文化概念。更有甚者：有的文化发达之地，一些景慕文化的主人潜心追求，假碉楼之挺拔高耸和亭阁之类相谐，通融一体成为不具防御功能的木构架，雕梁画栋，成为风雅的读书楼、小姐楼、观景楼、贵客房，已和民居无异。有的索性在屋顶做法上照搬四角高翘，趣味异于硬山、悬山式，近似歇山味道，并有多重檐叠落，烘托出浓郁的地方色彩。有的木、石、夯土混作，更呈现出一派材料美的别致，比如宜宾县李场顽伯山居、江津会龙庄。之所以把碉楼和民居统称，一是二者建筑关系不可分割和不必分割，二是由此引起的文化效应已成氛围，以及构成氛围的民间审美约定俗成。如某地名某宅院以"某家碉楼"称谓便是。

碉楼民居初探

因为有进攻才产生防御，不容置疑的是，碉楼民居起源于阶级社会的形成。功能上它和原始社会穴居、半坡人的壕沟殊途同归。原始人置防御设施于地下，防御对象是野兽和自然。现代人置防御于地面或地下，防御对象是人。前者纯消极防御，后者中的碉楼有弓弩、枪弹发射口、投掷孔，已有以守为攻的积极防御因素。四面围合的城墙，无非是一城居民的大碉堡，万里长城亦如一国的大堡垒，围合做法完全一致。两者虽然范围不同，但本质都为防御。所以，建筑渊源探溯不等于先进向落后的遥远追究，文化不因经济发达而过去必然落后于当今。此理早为马克思所论证。四川众多碉楼延至今日有着非常复杂的政治、历史、军事、社会背景，至清初更和移民运动有直接联系。此可分二说：一为从南到北全国性的横向比较，以探讨它宏观的历史背景。二为四川境内纵向追溯，以理顺悠远的渊源。

从全国看，广州麻鹰岗东汉建初元年（公元76年）墓出土陶坞堡，其"坞"本是构筑在村落外围作为屏障的土堡，据陶坞堡可知，当时已踡缩为家族之用，四角还设置有望楼。《后汉书·董卓列传》记载："又筑坞于郿，高厚七丈，号曰万岁坞。"之前，郑州南关159号西汉（公元前206—24年）墓出土的明器建筑群组中，亦有近乎双碉式的两个望楼和住宅衔接。再东汉熹平五年（公元176年）河北安平墓壁画上，如单碉似的望楼就耸立在一群住宅后面。直到近代吉林民居中，更有多至"七个炮台的白城县青山堡李宅"的碉楼住宅。无论坞、炮台，也无论望楼、冲楼、虚楼、箭楼、印子，其称谓沿袭至今，各地互有混称。称望楼者如峨眉①等县，称炮楼者如涪陵②等县，称箭楼者如万县③、开县④等县，即从南到北，自古至今，碉楼的形制和功能及其与住宅的关系都大同小异，无甚大的变化。

从四川境内论，当从两方面探入：一是巴蜀文化自身的发展；二是中原文化影响。巴蜀先民，惯于山居，先祖蚕丛"依山之上，垒石为居"以防人兽袭击，为最早的居住和防御建筑，亦是碉楼的原始形态。若以现代碉楼平面方形居多而论，新石器时代与商代之间的三星堆文化遗址中，其房屋就产生了方形平面。若以住宅中同时又备置了瞭望构筑而论，则有成都牧马山出土的东汉画像砖上庭院里的瞭望楼，忠县"涂井蜀汉墓房屋模型出现了大量的屋顶平台，

---

① 今四川省峨眉山市。——编者注
② 今重庆市涪陵区。——编者注
③ 今重庆市万州区。——编者注
④ 今重庆市开州区。——编者注

在其他地区是没有见过的，应是蜀汉时期之首先"。若以建筑物高度而论，成都羊子山西周建筑遗址的夯土高台高出地面 10 多米，而"中原地区只是到了春秋战国才有高近 10 米的高台建筑"。以上分而考之，再综上而论，巴蜀之地最早尚未发现面面俱到的碉楼居住形态，但产生了现代碉楼的构成因素。又东汉出土的器物中，在黄河流域、长江中游、江南、华南地区均有极类似碉楼及住宅的望楼、坞堡被发现，而出土的蜀汉民居模型随葬物中则无类似之作。但同为防御功能又可考的山寨建筑已在此时期大量出现，至唐代景福元年（公元 892 年），大足永昌寨内"筑城堡二十余间，建敌楼二十余所"。城堡、敌楼为何等形状？我不敢言那就是碉楼。但敌楼显系瞭望之用，必然较高，自然粗具了碉楼形态，亦同时衔接了东汉画像砖庭院望楼以来一大段历史空白。寨子是一个内涵十分丰富的建筑体系，小者三五家共拥一险峻地构筑防御设施，大者数百上千户、方圆数平方千米，上有寺庙、堰塘、碉楼、烽火台、环寨长廊等设施。自贡三多寨便是一例。然而寨子不能解决久围不撤、四时农作、分家习俗诸多问题，仅为临时性措施。直至嘉庆初年（公元 1796 年）白莲教起义，为了对付农民战争，"八旗劲旅采取立垒围困"的战术。据《三省边防备览》卷十二载："（嘉庆）五年（公元 1800 年）以前自寨堡之议行，凭险踞守，贼至，无人可裹，无粮可掠"，"州县之间，堡卡林立"。既然目的是消灭起义军，那就必然促使多种行之有效的防御建筑产生，并以"官"性质的、家族的、单家独户的大小不同的建筑形式出现。这项朝廷推行的"全民运动"导致了四川境内尤其是下川东地区寨子堡卡、碉楼比比皆是，这亦是中国建筑史上罕见的现象。部分存在的碉楼证明了它的历史，而嘉庆至今不过 200 多年，碉楼能保存至今亦不算奇迹。碉楼另一个越演越烈、有增无减的客观因素，是从新中国成立前回溯到清末这一封建社会总崩溃时期，社会动荡，官匪沆瀣一气，打家劫舍，百姓生命财产无从保障，唯有"以其人之道还治其人之身"，用统治者对付起义军的办法转而对付统治者。所以，不少现存碉楼是此一时期修建的。

特别值得一提的是，四川最大的一次移民运动发生在清初，白莲教于嘉庆年间起事已在其后。这恰给嗜好建筑土楼、碉楼的江南各省移民提供大施其构筑技艺的天地，尤其是闽、粤、赣三省客家移民集中居住区内，诸如涪陵、巴县、仪陇、广安等接近白莲教起义的区域内，土楼、碉楼建筑风格极类似客家风范。

涪陵明家乡双石村瞿九畴土楼、武隆长坪乡刘家土楼、仪陇朱德故居李家湾碉楼、广安龙台寺杨森故居碉楼所在地，通是客家移民集中之地。当然，像住宅、祠堂、会馆一类建筑亦基本上按照原籍风格建造，四川人口是"五方杂处"的构成关系，自然"俗尚各从其乡"，这"就不仅仅是个籍贯问题，还包括不同的风俗、不同的职业和不同的生产经验"。因此，四川传统建筑的发展演变是与人口构成相谐一致的。明末清初，四川曾出现人口锐减到九百万左右的惊人历史悲剧。反过来看碉楼建造历史悠久又紧邻盆地的藏、羌二族，这种影响是难以成立的，因为它不具备人口、政治、军事、文化影响前提。相反，多是汉族对这两个民族影响较大，比如马尔康卓克基土司官寨、巴塘大营藏族官寨便是二例。

如果说中原文化对巴蜀文化起着重大作用，那么，除直接带来这种影响的中原移民外，至少，江南各省移民是个不可低估的中间转承因素。他们不仅量大，其祖先亦是中原移民并深受中原文化的影响，后部分迁徙至四川，就丰富了中原文化与巴蜀文化的过程关系。诚然，秦灭蜀后亦有几次移民运动，实则在清以前这些移民的后代都成为土著。但中原文化影响是存在的，这些移民和世居于此的土著融于一境。发扬光大的除中原文化外，更有相互渗透、相互拥有的区域文化，即巴蜀文化。于是我们看到眼前的状况。

四川碉楼民居现状

现存估计不下千例。有一宅一碉式（占绝大多数）、一宅二碉式、一宅三碉式、一宅四碉式。一宅四碉仅三例，如宜宾李场顽伯山居、涪陵大顺场李蔚如宅、武隆长坪刘宅。一宅三碉仅一例，三例实则和客家土楼近似，为四川本土建筑的绝响，极富文物、艺术、建筑诸方面价值。调查时除一宅三碉尚较完整外，其他三宅已残破不全，危在旦夕。无论何式，碉楼布局和住宅都紧连一起。但最初的选址意识以住宅为主为先，然后才是碉楼的产生或同步而建。由此看出建宅动机以生产生活为第一考虑因素，防御其次。因此碉楼民居不存在选址上对地理位置、地形、地貌的苛求。山顶、山腰、山脚、平坝、田边地角，凡便于生产生活、商贸之地都可建宅。这就绝然迥异于官碉对地理条件的要求。

/l\ 川南场镇碉楼

生存与维护生存之间在建筑上反映出来的价值观，还在一定程度上表现出四川境内少聚族而居的大型村落，分家立户较早的民风民俗。当然，这也暴露出特殊社会背景下各自为政的小农经济的生存局限性和软弱性。虽然经济地位不同导致碉楼数量和体量的不同，但不能颠倒生存与维护生存之间的次序，所以选址目的非常清楚。诚然，也有若干利用特殊地形、地貌条件而构成的碉楼和民居群体，比如，叙永县"鸡鸣三省"之地水潦乡余宅，完全是依托于直径约60米的垂直溶洞而展开的碉楼与住宅的防御布局。碉楼虽不和住宅连在一起，但和溶洞组成了一套有机的防御体系。溶洞作为最后的防御支点，显得更有进退层次，仍属碉楼民居范畴。这或为一种分支形态，或为碉楼与住宅融汇过程中的一种现象。如果说这是四川境内碉楼与住宅亲和之前的一抹原始色彩的话，那么在高县清潭乡王氏"一把伞"碉楼民居的碉楼形制中，我们亦可从另一侧面窥见这种原始色彩的趣味性。顾名思义，"一把伞"如油纸伞的形状，亦形同汉石阙。刘致平说，"四川诸石阙则是纯仿木构雕凿成的"，"它的结构很像汉明器里的望楼构造"。望楼即极类似"一把伞"外观，于是我们看到了地处云南、四川交界的大山中，一种古老的遗制。这个四川境内不多的形似阙的碉楼，不能不使人联想到边远山区历史发展的风不易吹来的局限，同时印证了碉楼民居发展中一段不易察觉的时间与空间的过程，真是一种被历史遗忘的精彩的别致。当前，除历史上遗留下来的碉楼外，新的碉楼在盛行之地颇具规模地沿袭着过去的模式建造，不同的是现代材料的应用，显示了顽强的生命力，透析出特殊建筑传统文化之于人民的分量，以及建筑审美的客观倾向。现代设计借鉴其构思的新作亦已出现，四川省诗书画院便是佳例。

碉楼民居外观

四川碉楼民居大致分为土泥夯筑、石材垒砌、木构框架三种。其间亦互有混作。土夯者最多，其特点是墙体之下小部分或墙基用条石铺砌，上夯筑泥土，取其承重、防潮的长处。泥色之美是其他二类较之逊色的。就地采用的自然土壤以土黄、橘黄、紫棕土壤为主，色泽绚丽，色彩纯度之高与调色板内无异，深灰天气也鲜艳如新，阳光之下更显灿烂；和斑驳的白粉墙相辉映，把山乡点缀得生气勃勃。此泥色以涪陵地区最普遍，其次是海拔较高的山区。紫灰、紫红、紫棕色显得相对沉闷一些，但和屋面谐为一通，反差不大，整体感强，也极富原始粗犷意味，若施与白粉，则又是一番宁静、恬淡的雅气。此类碉楼民居遍布川中各地。石材墙体多淡青淡黄，整洁细腻，朴素端庄，色彩素雅，感染力隽永，极富内在强度。有的侧立面墙体上端采取和民居一样的手法，两堵封火山墙中夹两坡水屋面，仍为四方碉楼状，和广东碉楼极为相似。此作在万县凉风桐坪村和开县、巴县木洞、宜宾横江等地均有发现，其中巴县木洞蔡家碉楼高达七层，可俯览长江，十分雄浑壮观。木构碉楼所用的材料与民居无异，但它高出民居一节，造型大别于民居，便成目光"众矢之的"，特别引人注目。由于改造为不事防御的读书楼和客房、小姐楼，碉楼的恐怖神秘便转换成温馨神秘，呈显平和稳定、亲切舒适的观感。碉楼色彩虽不如泥石耀眼，但恰和住宅融为一体，值得细雕细琢，亦令人回味馥郁。此类碉楼在江河沿岸城乡、旅游交通要道均有出现，是巧变建筑内涵的别致尝试。在泥、石、木混作之中，最雄奇者首推江津风场会龙庄碉楼，其建造在和贵州高原遥相对峙的山顶上，顶层如亭，四周开敞，木构架搁置泥墙体上，人临其境，一览众山小，心境顿感辽阔快意。它亦是川中碉楼罕见的实例。

各类碉楼中，多有文化气氛浓郁的"耍子"，即挑廊，和广东碉楼挑台极相似，多布置在顶层墙外四角，有单边、对称双边、对角、四角、绕碉一周多种做法。这种用于防御中防止出现死角的射击设置，同时也美化了瞭望、观赏用的"耍子"，可让人感受到劳动群众在生死攸关的物质创造活动中尽可能实现对于精神生活的追求，亦可让人体验出巴蜀建筑如其人诙谐乐观的渊远遗风。挑廊以横向线面破了立面的呆板，和屋面、檐口线紧靠一起。色彩对比上深下浅，结构对比上紧下松，不仅无上重下轻之虞，反倒完善了点（枪眼）、线、面、色兼具的造型因素，适成更完整、更富表现力的空间形态。

碉楼高者七层，矮者两层，多在10多米或20多米，层高3米左右。屋面多小青瓦覆盖，有硬山、歇山、攒尖式，如同川中民居，出檐较长，和住宅非常谐调。大型单碉亦有两重、三重檐者，其间距不等，以此区别塔檐间距相等的密檐结构和外观，以正视听。比如宜宾李场顽伯山居的右后侧三重檐碉楼，上两重紧，下两重松，构图疏密得体，好像不伦不类，但恰如此，活跃了顽伯山居严格中轴布局的凝滞。加之此碉不和其他三碉摆在同一对称角上，而内收进墙内约 6 米，平面关系、空间整体关系、造型不统一的关系都得到了调整。"山居"显得很有文化气氛，是四川碉楼民居之仅见，可惜已于 1991 年 7 月被拆毁。

╱╲ 碉连深屋

碉楼民居的平面布局与结构

　　此呈两大特点：一是碉楼位置的随意性，二是位置的严肃性。随意性表现在除中轴线上、正堂之后都可视情况布置，此多为单碉。严肃性表现在中轴线上绝不能布置。笔者调研了百例碉楼民居，未发现一例是在中轴线上的。此理深刻地蕴含着中轴线及其所隐喻的一切神圣仪轨、宗法礼教的不可亵渎性。若置碉楼一类有"硝烟血腥"之气的东西和中堂神位香火在同一轴线上，不啻冒犯。碉楼之功，全在保护中轴地位，亦如家丁于主人，何来等同之理。所以，除中轴线外的任何地方都可布置。此理不仅出现在四川，大凡有碉楼的全国各地，似乎均无例外。当然建筑文化受制于中华传统文化于此也可见一斑。恰是这种现象大为丰富了平面与空间的关系。适得错落变化的生动活泼，一扫四川民居中低矮平淡一条屋脊线的沉闷与呆滞。凡民居中有碉楼者，均增添了田野山乡一处优美景点，建筑文化的抽象含义一下变得具体起来。碉楼平面以方形为多，往往约6米见方，也有大到12米的，如巴县木洞蔡家碉楼。何以非方形不可，可能与防御视角及各防御面承担的防御能力有关。四边等同的防御面可均匀分担进攻力量，若为长方形，则易造成进攻集中到较窄的一面。

　　碉楼与民居的结构关系表现在二者的协调性上。协调性又依附着二者建材的同一性和由此产生的色彩同一性。夯土民居多夯土碉楼，石材民居墙体多石材碉楼，砖木墙体多砖木碉楼，其相

互墙体至为统一。另外，在墙体承重楼面梁架、檩椽上，多同施一法，少有相互矛盾各自为政的做法。因此，我们感到通过内部结构影响的外观，从形到色都非常自然。由于气候原因和材料的贱便，碉楼民居多为土泥夯筑者，选在冬天建造。四川除冬天少雨外，其他季节下雨频繁，不利于墙体水分蒸发，在冬天夯筑，墙体慢慢干，从而保证墙体不开裂以增强牢固性。加之各地均有一批专业的筑墙工，对选料，墙体掺沙、石、竹木棕片的比例掌控，程序控制、时间把握等均有丰富经验。尤其他们对转角联结部位的审慎，使得有的墙体数百年不歪不倾，不裂不垮，并承重多层板梁、檀椽、屋顶的高压而巍然屹立。若大型碉楼空间跨度大，则内部采取传统的柱网相连的木构架系统，外部仍用泥石材料相结合的办法，并在内部划分天井、回廊、房间、仓库、马房、厨房等多种用途空间，以防敌人久围不撤的困扰。巴县木洞蔡家碉楼因跨度在12米之上，则采取中间加方形石柱，从墙体中部架十字梁穿过石柱，然后铺设楼板的做法。另外，楼梯做法亦多种多样，有螺旋式、转角式等。其中螺旋式最科学，因为它布置在每层楼的楼梯都在不同的墙面内，就不至于造成整面墙都被梯子占据，使得碉楼内整个火力得到均匀安排。若楼梯占据一整面墙，显然，这面墙就会给火力开展带来障碍。当然，这是针对单碉而言。

结　语

某种有特色的建筑文化现象，须在一定量的基础上形成，它一定遵循从精神到物质的共识原则，更有广阔的意识与行为的自由度，共性与个性的高度谐和，时间与空间糅合的水到渠成，在特定区域内方可流行传承。再则，中国老百姓历来有融汇其他文化的素质和能力。洋的、土的、宗教的、军事的，落入他们手中，都可为其巧变所用。强迫他们怎样建房子，双方都是痛苦的。推心置腹，相互以文化晓以延伸和拓展，诱导在叙述和描绘之间，双方将是非常愉快的，乐于接受的，将永远繁衍下去。我想这是无疑的。

老谋深算曾（罾）店子

　　乐山人文之风蔚起，凡文化诸科悠悠然，而城郭墟里，七情六欲诚纵横其间，然也不乏诙谐欢悦之情与物，使人乐在其中。上古南方丝绸之路"岷江道"流贯全境，尤唐宋以降，"人文之盛，莫盛于蜀"。官吏、商贾、文人，由蜀都东去，更是取道乐山，顺流而下。沿河两岸风物无不绞尽脑汁与之呼应，以吸引招徕过客哪怕杯茶滴酒，半餐一宿。故而千姿百态的建筑竞相争奇斗艳，建筑的随意化、个性化、喻意象征化蔚成洋洋大观。数百里岷江水道两旁，任挑一家生意兴隆而有特色的建筑，无不出几个故事、生几折典故、传几段风流，皆幽香馥郁，让人回肠荡气，构成了颇具风采的"岷江文化"。何以如此有魅力？我国现代建筑先驱者之一范文照先生言："中国建筑总会有一种安宁的舒适及和谐感。"安宁、舒适、和谐绝非凭空而来，定有其涉及历史文化、经济环境、社会风俗等诸多方面的渊源。比如，"和谐"二字中的"谐"，则不仅仅指谐和协调的一面，还包含了诙谐、幽默、戏谑仍能和谐的另一侧面，并使其和谐得更生动活泼，更具生命力。这也是巴蜀建筑异于其他地方的特点。汉代说书人泥俑的嬉笑调侃，清代川剧"花部"的"曲文俚质"，曲子无腔，以及谐剧、金钱板等表现形式在民间的流行，都反映了川人谐和幽默的独特性格。它于自然环境（盆地）不同和长期的生产、生活中形成，所以《尔雅·释地》说："太平之人仁，丹穴之人智，大蒙之人信，空桐之人武，地气使之然也。"清初移民入川，其进取性带来文化的多样性和融汇性，此于建筑上自然也会同步表现出来，并流露出多侧面性。它不是纵横捭阖的任意发挥，总囿于诸多方面的

/八 曾店子码头

制约而显得极为隐蔽和内在。了解和剖析它深层的人与物的纠葛与发展过程，尤其是其诙谐幽默感，是揭示传统建筑文化本质的一个方面。"大俗入雅"，"大雅必俗"。对民间建筑做一些不文过饰非的探索，不排斥一切作为主客体向前发展的有益因素，将是有意义的。基于此，在下就仍保留在岷江边上西溶镇的一处建筑，试析其主人通过建筑展示出来的丰富隐秘的内心世界。

西溶镇位于岷江及其一支流夹角的前端，平坝间有浅丘，谓之西坝，故又名西坝镇。这里气候温和，雨量充沛，物产殷实，水陆交通四通八达，和竹根滩镇、五通桥镇隔江相盼，形成一串珠似的三大集镇，其间不足10里之距。如此密集的集镇，又如此热闹非凡，在国内也是不多见的。集镇之成，一靠"乡脚"宽产销富而有余，二靠居水陆要道，三靠有工商业辅佐。三集镇各有长短，俱而全之。不过公路干线沿岷江自乐山通过五通桥后，处于西南岸的西溶镇渐自衰落，成为纯粹的农业集镇。如此恰又保护了纯正的地方传统文化。那里的嫩姜硕厚、白胖、鲜嫩、量大，上市时竟有云、贵、鄂、陕的汽车蜂拥而至，足见当地精耕细作农业技艺的独到。驰名全川的西坝豆腐，笔者品尝再三，认为四川电视台的专题片解说词，誉美备至，然毫无过分之处。不仅有本地产黄豆的新鲜，还有石磨的纯真，河水的洁美，制作的精湛，更不依赖味精等诸现代材料的烹饪薄技。

西溶镇夹于两水之中，伫于半岛之上，风光秀美。吴冠中说："岷江中下游很有江南水乡味。"刘致平说："岷江沿岸山峦起伏、清流萦回，风景很是佳妙。在这种美丽殷庶的环境里很容易有优美的建筑出现。"西坝修竹丛丛，黄桷如盖，大船小舟，清波绿水。在靠小河边的河岸上，有一处黄桷树、慈竹丛掩映下的建筑，那就是远近闻名的"曾店子"。

1913年前，西溶镇临小河岸仅有半边街，街面不过5米宽，曾家亦在其中开一杂货铺，半边街与河岸平行，河岸土质疏松，街不成街，随处是码头。然舟楫如云，汇聚着从上游石磷、沙湾，甚至峨边、马边、凉山出来的商旅过客。船舟乱靠，行人不便。即便如此，曾家有店铺当街，生意亦可支撑。然而，如何把众多过客都集于自家檐下，则是曾老板一直运筹之事。

四川有一种渔具叫"罾"。"饵钓好吃鱼，罾扳过路鱼"，为古老渔猎手段。早在《诗经》中就有关于罾的记载。《楚辞·九歌·湘夫人》："罾何为兮木上？"此亦说上古时它就遍布湖泽江河之上。它由一根长竹竿和五根短竹竿，张开一张大网做成，再用一根长绳作为牵引。渔翁放罾潜水，稍许，估计鱼已入罾，则拉绳起网。是不分时节天气，全天候的守株待兔似的捕鱼方式。曾老板从中得到启迪：人如游鱼，街如河道，如果能建筑一幢像罾一样的房子置于街中让"鱼儿"川流不息、自投罗网，实在是一本万利的天大乐事。居于江边水泽的部落，远古时就精于泛舟捕鱼之术，渔猎生活迫使他们创造各种利于生存的技艺，即使后来开启定居农业，转而从事商业，那古老的潜意识仍时时撞击他们。从曾老板的发财梦中，我们仍感遗风习习。然而西坝乡民自古就有约定俗成的保护鱼资源的良好生态乡俗，不许滥捕鱼为不成文乡规，有吃了此河鱼会烂肠烂肚而亡的迷信约束。更有农历四月初八的"放生会"——人无论贵贱，都须到别处买活鱼到此放生。故有鱼多胆大，把淘菜姑娘拖下水去的雅说。这种近于"鱼图腾"的远古部落崇拜，大悖于曾老板的"罾房子"构思。如胆敢冒天下之大不韪，仿造一幢像罾一样的房子出来，并以此网罗乡民过客，显然是对"鱼图腾"的亵渎。触犯乡里不说，闹得房毁人亡也是难以预料的。所以，纯就以物象形地模仿，肯定是毫无成就的，更是危险的。这一隐痛和诘难，还是一过路客下船上岸在陡滑的河岸上跌了一跤提醒了他，给他带来了灵感。曾老板想："何不先建个码头把众人嘴堵住，然后再往下说。"他的深层意识是以行善积德之举，饰以为乡民过客排难为由，先公后私，公私并行，把核心用意先隐蔽起来。时遇一远房老辈子下船跌伤，回家一病不起，曾老板奔丧回来乘机大造舆论，言倾家荡产也要把码头修起，给后世留下芳名。果然，以此为契机，加之具体构思深化，曾家又一店子以码头作为掩护开始兴建了。

曾老板先将权作屋基用的河堤岸像罾一样向河面伸出去，约4米，和原铺面一样宽度且平行于街面，约9米，此可避邻居闲言侵犯领土；继而不做传统的吊脚楼支撑柱，一反常态地用大石条层层加垒和街面齐平，高约5米。与此同时，在上游河岸也用条石如法炮制十来米，这无疑是帮邻居巩固当门面空间，并加石栏杆。邻居自然满腹柔和之态，逢人便说曾家仁义至极。这样，河岸线就变成了"凸"字形，也就人为地把率直河岸线改造成了利于船只停泊的港湾。90度的直角点亦铸成了曾老板思路的中心，他进一步在此开了一条从河面到街面的斜向缓坡梯面，宽约两米。石梯在街面的出口，恰在原铺面和伸向河面

/⋀ 曾店子侧面

凸出部分之间，如又在凸出部分立柱架梁建店子，那么任何行人，无论上下船的，南来北往的，都将被夹于曾家两店之间，曾老板自是应接不暇。一个完整的起步收脚方便、启锚降帆自如的码头形成，谁能不对此"公而忘私"的贤德之举拍手称快呢？反过来，如一开始就摆出一副要做仿罾之态，以吊脚楼伸向河面下桩立柱，其形其神不仅司马昭之心路人皆知，吊脚楼下半部分还构成空漏之弊，有风雨飘摇之虞，码头形象全无，亦触痛人们内心深处漏"鱼"跑财的恻隐之情。众人难以诚服，也难以自慰。那不仅一开始曾家就会引来一片唾骂，而且木柱木桩也难保永久。曾老板权衡再三，意识到唯先建码头为万全之策。更何况此举还可延缓众人思维过程，牵起众人鼻子走。因凸出部分最后作何用场众人不知，总认为好事做到头，必定是全其善举于一役。再建个亭子让大家待渡候船，接宾送客之用。这无疑给施工过程创造了安静的舆论环境，使前期工程得以顺利进行。梁架出来后，即在凸出部分临河三面和临石梯一面依柱置美人靠，实则四围，只留下一道门正对街面和石梯出口及原铺面。庸庸乡间小屋，人们何曾见过这番构作。而每一块美人靠背板上，居然镂刻一板一花，显然是曾老板搞一点儿艺术给你看，留你多坐一会儿。这般雅兴能给予乡众客商，仍潜隐着公私并行不悖的苦心孤诣。确实那梁架出来后也煞是一副亭子模样。待一断水盖瓦，又一过街楼似的屋面和曾家老店衔接，众人才仿佛如梦初醒："曾老板坐到屋头扳罾。"你们看："亭子是罾，四方的美人靠是罾网，亭子到老店的距离是长竹竿。"虽然这种议论是非常危险的，但很快被乡众间的辩论平息。有乡民言："别人善举德公，房亦门壁全无，将本求利，何罪何罾之有，能者不妨也修幢试试？"

水绿岸青的西溶镇河岸仅此旁逸斜出一家，自然成了风水宝地。店内仅20多平方米的面积，摆三五张方桌，加美人靠悬置省了好几个平方米的座位。几块遮阳篾笆错叠斜挂，一棵大黄桷树孔雀开屏似的簇拥着店子。空间虽小，但和自然空间全立面疏通，使店子毫无窄小局促之感，倒还显得从从容容。任择一角度极目远瞩，四周便是江阔天空，鱼翔鸟飞，怡然自得之情油然而生。那空旷天穹之下不能享有此情此趣，更是高棂小窗、四方壁围的暗淡阴湿空间所不能有的风雅。久而久之，这里不仅成了乡人过客必经必憩之地，为远方文商朋友接风送行，三两乡贤傍晚游转散步，川剧朋辈玩友围鼓，甚至袍哥纠纷搁平据理等巨细之事均聚于此，而且一时成了西溶乡镇十里八乡的民间文化中心。曾老板通过码头、店子把"孔方兄"招进来，肥肥实实地发了一笔大财。有好揶揄的人戏而不谑地说："曾老板，你这铺罾下得宽、下得远、下得深哪。"曾、罾同音，一语双关的罾店子就此传开了。其实，单就形而论，罾店子与罾之形态，实难以叫人认可，唯它伸进河面的举动与人扳罾时的情形相仿，让人感觉到曾老板建造店子与扳罾有某些联系。

任何与此地"鱼风俗"相关的言行都极易触动乡里的神经末梢，都易给人形—义对应联想，加之过客游鱼般地过店如过罾，以及众人正反面的渲染，真是不说不像，越说越神。拿现代广告心理学的观点来说，如此这般均中了曾老板的下怀，反面切入更易造成正面拓展。这种超前意识经其经营，利用乡众的心理，引得褒贬相生相克，最后以融融乐乐收场，肥了曾老板，也乐了大家。更有甚者于老谋深算后不妨再做推论：既然罾店子开了头，效仿者不免接踵而至，要不了三五年，半边街河岸优雅空间将被一排房屋占满，与原半边街对峙

/⋀ 伸出河面的新店

形成一条街道。然空间无论怎样变，都极难改变曾家独踞码头的现状：一、曾店子已成人们习惯的方便港口，任何近邻修房造屋者，均会造成因港口狭窄而威胁船与人的安全的局面，必将犯众讨诛，自找麻烦。二、码头石梯直接进入街面而紧接西溶镇西南向唯一出口，为最佳水陆口岸，任何一家毗邻或前或后建店设铺，顾客充其量"漏网鱼"而已。这一来，曾店子必稳操胜券，难怪80年下来，偌长河岸线仅此一家店，让人深感它的城府与风骚。店子似有老板卑亢得体之神采，使人叫绝又舒心畅笑。据此，笔者有如下感受值得一嚼。

一、谓曾店子为一种趣味建筑，原因是它散发出来的唯巴蜀之地最盛的诙谐情调这一纯朴古风。通过这种表面空间现象，人们体味到中国建筑的本质特征，是由内在联系得很紧密的诸多因素构成的。在这个内在联系过程中，空间和时间相互砥砺、运筹，甚至排斥，矛盾、时空关系的调整、组合往往已十分协调有序。它们互为表里的酝酿发酵出迷人的文化温馨，不管最后它以什么手段、空间形态表现出来，或肃穆端庄，或诙谐幽默，均透溢出建筑构思由内向外的功夫，及不可颠倒、不可逾越的精神力量和基本规律，显示出传统建筑理想和文化重于物质性的本质特征。而诙谐幽默一类之小科"异端"，自然为官式建筑所不屑，被视为跳梁。那不仅是正宗之"雅"，鄙俚之"俗"，更有戏谑嘲弄神圣的仪轨之嫌。然而在民间，它活生生地脱颖而出，故而建筑的本质性在民间流露得最充分、最生动，最值得反复玩味和吸收。

再则，诙谐作为一种创造才能的标志，美学家王朝闻认为："它体现了人对于事物的敏锐机智的观察力和表现力，是人类智慧的一种表现。它给人以美感的同时把人竭力地引导到笑的对象采取深入思考、严肃对待之中，以此去启发人们去理解笑的对象的潜在本质。"王先生又说："当我们欣赏审美对象所引起的幽默感时……却是因为有了客体的智力优越感才引起的，这种优越感反过来肯定审美主体的认识能力，则将有助于新认识和再认识的敏捷和深入。"

二、"曾""罾"相谐，与其说是喻义的幽默，不如说是象征的初萌。喻义倾向具体事理，形式相对内敛和经验化，感知幅度较易把握，审美心理以寻求趣味为基本特征。象征喻指的内涵往往倾向更宽泛的抽象精神，形式外张而倾向崇高，往往指神秘博大的形而上精神。因而精神更是重于形式，感知幅度较难整体把握，审美心理以崇仰和震撼为基本特征。然而喻义和象征之间的联系点和相互关系何在呢？显然，如把乡间形式这种在乡间文化背景中的"谐"搬到现代都市的文化背景中，那不荒诞和丑陋才怪，但恰恰是这种"民间风"的切入，就有了象征意味。如果将民间的、朴素的、诙谐的生命赞颂直接切入现代生命意识，将单纯、古朴、幽默的民间风格切入现代象征风格，它将显示出一种极强的生命张力，一种乐观、亢奋的进取精神，一种对人类生命力的崇拜和对传统文化精神的弘扬。当然，作为空间形态，它又必须取得社会的沟通和理解，求得社会共识，并使之与观众视觉效应反复碰撞。如果前述罾店子失去了这一点，那么，它什么都将失去。亦正因为它一开始就把事物纳入最深层的思考和联系，才获得了完满的理想尝试。

三、罾店子作为日常物质生活与精神生活的民俗事象，它的发生和发展首先是社会的、集体的，而不尽是个人的创作。它虽然有个性，但更具类型性和模式性，这种深层结构的类型和模式，必然产生时间上的传承和空间上的播布。只要有条件相似的土壤，它就会生存下去，但有一个重要的核心因素，即不能抽去主体文化素质来谈传承和播布。实际上这种朴质、清新、高雅的民间作品已快泯灭在暴发户堆砌材料，显示豪富、粗俗的建筑之中了。传承将让位于拯救，播布亦需发掘整理，现状堪忧，土壤何在？

四、四川场镇有四五千个，半边街或部分半边街者为数不少。仅从地图上看，半边街地名几乎县县皆有。它或临河岸，或沿陡岩，是前人留下的一笔精神和文化财富。它不仅空透开阔了房舍低矮萎缩之不足，亦舒展了人们压抑积郁的心胸，更保护了具有良好生态平衡的自然景观，是塑造人的素质不可或缺的乡镇规划构思。这商业聚散繁茂之地往往亦构成乡镇优美民俗，扩而大之上海外滩，小而微之百十人家边远小镇皆是此理。反观罾店子，实则"动人春色不在多"。若一个个地紧靠着修下去，半边街、清悠的河岸、动人的码头等都将彻底消失。郭沫若 1939 年在峨眉有一联语："刚曰读书，柔曰读史，仁者乐山，智者乐水。"无刚柔相济之前鉴，无仁智环境之清醒，则人性极易扭曲，形成变态人格。故才有罾店子形成之初，已构成毁灭半边街的最开始形式时，人民群众也同时严重意识到它对他们生存空间的威胁和沿袭的精神乐土的侵扰，惶恐之中，泛起了一场"曾""罾"相谐相比的斗争方式。幸好有社会、风俗、生态诸方面的压力制约，也幸好有曾老板的高明、周到、圆熟，终使一段美丽河岸、岸上半边街得以保护。今天看来诙谐中蕴含三分苦涩，得来还是颇费功夫的。刘致平先生在《中国居住建筑简史》中说："对于四川住宅建筑尤其是岷江流域一带……这些劳动人民创造出的物美价廉的、趣味亲切的建筑，确有许多高妙的理论以及特殊成就，值得我们仔细深入学习……观察找到它的特点及促成特点的各种条件，然后才能领会它的妙处之所在。"

本文学习、实践刘先生教诲，亦印证了刘先生半个世纪前在四川做了大量调查、研究后的论断及论断的正确性。

三峡民居采风

巫峡泛舟

阳春三月，泛舟三峡腹地，自巫山县出，顺江
而下，恍恍惚惚，阳光和煦，暖风撩人。过巫峡
十二峰时，仰首两江陡岸，见有草屋瓦舍偶从山间
夹缝中一闪而过，人气微微，毕竟不是纯自然之景。
过了约半个钟头，见前方右岸一团灰色瓦屋面，似
隐蔽在浓重的树荫之中，稍近，即可看见木板墙和
木栏杆，亦可分辨是木是石，是褐是蓝。船老大高
呼：碚石到了。

碚石为巫山县辖小镇，为三峡川江段最边远的
人口聚居点，距湖北巴东县境三里之遥，有百十人
口，二十多户人家。一般洪水年水可齐场镇临江堡
坎，难得大洪水袭入街面，背靠陡峻高山，终日长
江上豪华客轮、大小货船擦身而过。场镇地势得天
独厚，偏安一隅。岸上人家悠闲自得，清静恬淡。
夜来江风涛声合鸣，极易让人获得远古幽思，稍有
不慎，即可坠入空蒙深渊，犹如隔世。若无夜航江
轮笛鸣，亦极难挣扎出农业文明生态的隔绝之境。

巫峡泛舟

宜人者以顺乎天然，安适养身者足矣；不宜者以为封闭，散漫而易裹足不前者为弊。如此环境之营造，极大分量依赖于建筑的烘托。金无足赤，试炼其精粹亦是大趣之事。

纯自然或纯人文景观，皆是人们不能长久接受的居住环境。建筑为人文景观的重头戏。它依赖于自然，反哺于自然，二者相糅至亲，密合为一体。人于其中只要不做出征服者的狂妄行为，顺其自然，自得自然亲爱，极易醇化二者之间的感情。自然与人文统归一体，人类亦可获得另一种意义上的大同境界。碚石镇虽小，人气与自然之气通融为一，正是先人若干年经营之结果。于此峡中读段地方典故，实在是再美好不过的事了。

碚石镇起始于清中叶下川东盐业兴盛时，先有一刘姓于此设盐号，聚散盐巴和川鄂边一带山货商事。因此必建的一宅既要宽敞，又要有门面，发展成街道后又是商业好口岸，最后还得和江面相谐，气畅情至，视听通达，与自然全方位保持联系。三峡陡岸得一平地建宅谈何容易。宅主虽后得一缓坡建宅，完满地解决了这一困难，然从现况洞察，建宅之用心、运算显得十分有智慧和巧妙。

刘宅首先舍得花大钱于基础部分，分两台夯砌堡坎，下者成路，专供行人之便，上台为宅基。下台之路直铺至家门口，经铺面成转角。路亦成私家之路，行人至此，正疑是否走错路时，视线一转，豁然开朗，左边坦荡小街直通远处。不仅如此，为在转角处稳住人心，挽留止步，宅主同施招揽，把住宅二层楼面一直延伸铺设到转角上面。这不仅扩大了二层居住面积，还为行人提供了遮风避雨挡太阳的"过街楼"。楼下置长石凳，开几步石梯亦兼石凳。三峡地区坡陡街窄，这里已经算是最大回旋公共空间。加之"洞口"石梯直对江面，进退无障，游人亦可坐而观江景，任何人到此，绝不会另择地方一憩。这同为家门口的地方，人坐久了都有感激情愫相生，往往以购买一二小商品作为答谢之礼。兴致高者若好奇而想窥其宅院全貌，可从转角的顶角进得门去。那里不仅天井宽窄得体，更有一间临江有栏空敞的大屋，容易让人流连，里面有桌有凳有椅，茶水饭食俱全。而走廊栏杆外正是三峡浩荡江流，那吸引力是让人非上前去凭栏一睹江上风光不可了。你若觉得不过瘾，再要杯茶，要盘腊肉佐酒，再吃一顿嫩豌豆加嫩苞谷的"三合饭"，则正中老板下怀。其实，自你一踏上石梯入转角处，就无形中被刘宅建筑牵起鼻子走，被一步一步导入宅主建筑时的动机预料之中。且这种导入还分成几个阶段：第一阶段是转角处为游人设置的自下船以来一直爬坡遇到的第一个有荫蔽处的小台面；第二阶段是游人于此小憩，又累又渴，想吃点儿什么；第三阶段是如前所述，游人再进得屋中如此这般。

而这一切都是因为建筑而发生，足见建筑对于人的思维与行为的规范，最后又落脚在与自然的关系上，并通过自然这一中介，而收到极佳的商业效果。于此我们再反思开头一韵，顺其自然不等于不改造，改造是一种完善，完善是追求人类和自然更加和谐相处的关系。这样的相辅相成方能营造一个和谐的人与建筑与自然的美好社会。

瞿塘情结

大溪给人留下美好记忆的东西太多：大溪古遗址、瞿塘峡风光、麻花鱼、粉蒸肉、嫩豌豆腊肉饭，还有兼有南北脸型和意味的少女。

据笔者的感受，大溪镇确切的形成年代很难考，新石器时代就有大溪文化人的活动，好些户人家的房子就建在石拱的汉墓之上。虽有场镇兴起较晚，晚到什么时候，我们尚不可知翔实消息。

大溪河与长江交汇处南岸，正对着瞿塘峡出口，视野很远，可看见10公里外奉节的景物。大溪镇选址于此，不禁使人想起云阳张飞庙的山门斜开，也向着上游西方，有专家说那寓意张飞"心向蜀汉"。那么，大溪镇整个场镇都面向西方，向着瞿塘峡，是否也有这种归属象征呢？

大溪街道长，若加上毁去的下游段，不在一公里之下，大部分沿等高线而建，小有段落垂直于等高线。精华部分在后者。街为石板材铺就，半边街与封闭式街时断时续。街道狭窄，一为制度，一为地形所限。石板上大大小小的骡马蹄印，雨后还深深浅浅地积满着水，由此可见历史上这里是何等的繁华。过去，这里亦九宫八庙之地，凡巫山县大庙区的行客商旅，皆由此聚散，或下湖北，或上万州，于是形成了繁荣气候。它的萧条发生在巫山和大庙公路修通之后，因而还保留了

／∧ 从大溪街口望瞿塘峡

不少古朴的面貌。举那一段垂直于等高线的街区为例，则可见一斑。

此段分台构筑，得一台面同时左右得一人家，共约三台，实则六家，六家共一街，街心中轴直对瞿塘峡中。中间毫无障碍阻拦，像相互间有气贯通。看来此为本地人有默契的制约。若排除风水观，仅就实用性来讲，于此开设旅栈、饭铺、茶馆是很有必要的。这里客人又多于过路行人，客人自然无时无刻不在关心唯一的交通工具，即船的消息。此段街面正对峡口，有船一露面，客人目光即可迅速捕捉，慢慢装点行囊下江乘船，时间亦很宽绰。若此为主要原因，那么，由此而来的建筑格局、门窗布置、街面尺度等，凡一切可与瞿塘峡口相顾盼者、相融通者，一律想方设法与之呼应，为之排除遮挡视线之物。因此，此段街区虽小，但转来转去，你都会感到瞿塘峡无时不在，无处不在。进得人家内，推窗、开门、上楼、过走廊，视线又处处碰上峡口。瞿塘峡犹如一块巨大的磁铁，终日吸引着你。

大江大峡，名山寺旁的城镇，依托其强大的知名度，产生不可抗拒的凝聚力，内含了崇高的自然与宗教拜崇意识，反过来必然影响人的思维和行为，建筑仅是这种文化的一个方面而已。问题是这种现象于今有何意义，难道仅仅作为历史总结？依笔者拙识：应在不做全盘否定和全盘肯定的前提下，拟提炼出发扬中华建筑或区域建筑文化有生命力的部分，再加以发展。所谓有生命力部分，即和西方建筑相对独立的部分。它鲜明的种族文化特色显然与其他种族文化不同。而这种特色又是经过几千年延续下来，经过实践反复证明，在物质与精神功能上都是具有凝聚中华民族向心力的作用的。是凝聚而不是涣散一个民族的文化，能吸收而不是排斥另一些民族的优秀文化的民族，方才是充满生命力的民族。

天上人间

人在峡中江上行船，也遐想过一幅两岸高山上人家的宅院与生活情景，终是云雾般缥缈。今得在大溪文化遗址后的山上驻足片刻，小览一番一名石人风宅，居高临下俯视峡江气派，船如豆粒，一览众山，人高高乎而在上，真正飘飘然如神仙，大有天上人间之感。

石宅为曲尺形平面，土木混作墙体，正房三间，堂屋后有转堂，后靠泥土层极厚的山体，间隔有一后院。后院泥壁凿有畜养、贮藏洞穴。泥土堆积层中，我们稍加留意，即可发现历代瓦砾、陶片残存，亦足见此地自古以来人类活动的悠远。由此可知历代于此造房建屋的延续与兴衰，想必今存之石宅定然有古风之内涵。果然，笔者周游石宅前后左右一番后，得二点印象最为深刻。

一为选址。石宅选址在瞿塘峡两岸的大半山腰之上，左可遥望河对岸著名的瞿塘峡桃花山。桃花山海拔约 1 800 米，山顶呈尖状，从奉节以上江面往下看，桃花山高高地耸立在夔门之后，若缺少此景观，瞿塘峡雄奇之貌则大为逊色。石宅右为绵延于大溪河边的高山。长江与大溪河两水相夹，石宅正处于夹角大溪文化遗址之后，高高在上和长江下流向东方相对，因地势所限，宅向未能正对。后经朝门歪斜校定，使得气贯正中，出门放眼，即可纵览开阔天地，看浩浩大江东去。于此，再思云阳张飞庙大门西开，大溪镇众视线统归于瞿塘

峡口，人心归属以视线表达均无定制，风水之虞也罢，自然崇拜的下意识行为也罢，终是人前不可有障碍物阻挡为上。此为常理，若在其中糅以人心向往意识，内涵自然就会丰富起来。因此，笔者回过头来再端详石宅，感觉巴蜀坡地相宅之精要，以顺遂、平安、吉祥、光明为心理宗旨，寓意人生的美好祈望和憧憬。而这一些不可见的意识通过物质行为表达，达到了可见的建筑现象，于此就派生出精神和物质相生相存的文化。若再加上像大溪古文化遗址这一神秘的历史因素在内，人们自然又会联想到这种现象是否和它有内在关系的疑问。恰是这些不可知的因素，往往构成了中国传统文化中十分令人惊奇和怪异的玄秘部分，亦成为后世探索的未知空间。可以想象，到了这样一个建宅的境地里，人心是何等的不平静。那江流、山岫、白云、郡斜开的大门、后院的洞穴、不规则的院坝等，都调动着你的想象力。再加上特定的地理位置，人置其中，情景交融，天上人间，人间天上，实在是美妙极了。

二是有两件吉祥物叫人难忘。一是堂门楣上的"吞口"，二是解救石"泰山石敢当"。吞口为木雕，解救石为石刻。两件东西均为传统住宅沿袭下来的辟邪之物。其中"泰山石敢当"国内造型大同小异，为一石柱状，分两段，上为凶神恶煞、瞪眼长舌的形象，下为"泰山石敢当"五个石刻字，意欲吓退一些企图坏宅毁宅之物，显示宅坚如磐石、不可动摇不可侵犯的威严。最为难能可贵者是"吞口"，这是我调查民宅以来第一次见到镂空木雕形象，以前所见"吞口"，或为在水瓢上画鬼脸，或为将鬼脸画在壁上，多为平面造型。有体积的雕刻"吞口"多见于中华人民共和国成立前，极少保留到现在。石宅居然将之挂留至今，此乃极稀罕之物也。主人说，中央电视台摄《大三峡》纪录片时，众人视而忘归，极表至爱，亦足见此物的稀奇和吸引力。

"吞口"与"泰山石敢当"是中国传统民居中十分美丽的文化象征，它们和门神、门联、香火、神位、灶符等配置，共同构成了依附于民居中的独特精神领域，是中国民居有别于世界其他各国民居的特色部分。它虽然在物质功能上不具结构与使用作用，但在构架民居文化上，处处与建筑同行，并影响着建筑结构的组合、空间的划割，直至把民居文化推上很高的境界，非常值得总结。

故陵小宅

故陵镇在长江南岸，隶属云阳。《水经注》记载：该镇附近有六座楚王陵。民间传说这里又有巴太子墓云云，是全国考古界热门话题的所在，并且考古界集中了优势兵力于此发掘。

故陵古老的街道被改造得面目全非了，仅可从一两条小巷大致窥测一丝古风。但要和"王陵"时期建筑发生某种关系，实不可寻觅。恰江边镇头有一刘宅，极具就地取材建房的特色，感觉非常浑厚朴实，简洁实用又不乏和江面空间联系的意趣。

刘宅又名"铧场"。川东一带把犁田的犁头称为"铧口"，刘宅同为铸造铧口的作坊。铸铧要用火冶炼，因而消防是首要问题。刘宅选一斜坡就地挖土夯墙，得了四周墙体与其隔断，又得了平整地基，并略有填方于堡坎间；在临河面再伸出一壁石砌墙和几根砖柱，在上覆以楼板，和天井成一水平面；于是在下形成一封闭的空间和一开敞的"吊脚"，封闭空间上楼板有方孔搭梯相通，右侧亦有门绕通大门。此为畜圈和储藏之用。"吊脚"之上自成敞廊，长二丈有余。全景和长江相通，于是人由右侧大门进得院中，感觉宽窄尺度十分得体。虽截取右厢房作为大门，但毫无有损四合院格局之感。而这一切均系泥土和石材全面使用的空间构成。

由于宅院既供居住，又为作坊，这里就还有个功能分区问题。尤其通道既要分开，又和分区有所联系，还要给家人、工人以休息、喝茶之地。一是左厢房横向展开的平面比右厢房大一倍多。此处全做作坊，处于江流上方，江风多由下往上吹，煤烟热气概无法袭扰。若有火事发生，必然亦多在作坊之内，扑灭时间有余地。火势若殃及正房，右厢房大门及前厅三面，有几道墙体和天井作为屏障，亦可给救火赢得回旋时间。二是卧室设在正房和右转角房，适成主要生活区，和作坊区分开，但又有门道通过天井联系。三是前厅作休息之用。前厅有一半悬置在几根砖柱之上，有敞廊疏通长江一面，视野开阔，可以看到码头一切，于此设椅设凳喝茶，观察上下船行人状况，呼唤联络亦很方便。

从故陵街上住宅多系木构现象来看，刘宅尚未建筑时，此地山区木材蓄量亦相当丰富。若建木构房，不仅造型华丽、雅致，造价亦高不出土夯石砌多少，

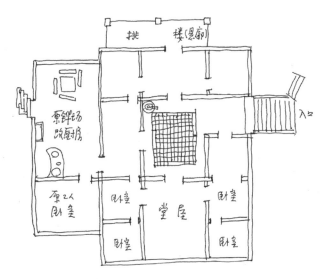

排　楼(恩廊)

原鲜场
改厨房

入口

原2人
卧室

卧室

堂屋

卧室

卧室

卧室

∧ 故陵刘宅平面示意

∧ 云阳故陵刘宅

而且居住条件舒适得多。何以就地取材，则完全是因冶铸铧口要用火。川中城镇民居多为木构，火是第一大敌，几乎是处处有火灾的劫难。这不能不说是一种遗憾。若稍微统计一下留存至今的古建筑与民居的数量比，我们就会发现土夯和石砌者，或与木材混作者大大多于全木构建筑。这是不是古人在建筑上的一大失策呢，或者说是不是古人在建筑美学上受传统文化负面的制约太多呢，抑或是传统的"天人合一"自然观太神圣呢？

石宝之恋

巴蜀小镇是如何兴起的？史论家、旅行家纵论其商业、交通、工矿、农业、经济等方面的原因为多。而关于宗教对城镇的兴起、发展的影响，论述偏少。

⋀ 石宝寨透视

巴蜀城镇大者峨眉山与峨眉县城，青城山与灌县城，平都山与丰都县城，窦山与江油城，报恩寺与平武县城等；小者可说遍及全省各地。各县均是历史沿袭下来的地理、历史、人文诸多范围的统一体。一定的地域内亦有大小不同的宗教文化氛围，更有以寺庙、道观为中心的聚合点。就拿石宝寨之于石宝场镇而言，姑且不论是先有寨楼、寺庙建于玉印山呢，还是山下四周的场镇早于山上的建筑。若取消任意一个方面，想必香火与赶场都不可能旺盛。20 世纪 60 年代初期，笔者住在距离石宝寨不远的农村，那时宗教政策偏左，香火寂寥，赶场人稀少，自然商户客店死气沉沉，更谈不上增加非农业人口了。时过境迁，今日之石宝寨因充满奇特宗教气氛的建筑群和孤峰突立的玉印山，更加名扬天下，促进了场镇街道的延伸和房屋的发达。不过细心人一看，就会发现场镇和玉印山的关系特殊而有趣。

场镇街道大多绕山而建。此状除了地形恩赐，似乎还隐潜着场镇依附石宝寨而生存，与之休戚相关的隶属关系。或者说其中有一种感激的心情通过建筑表达出来。尤使人感到惊异的是：无论你走到街道的哪个段落，或面迎山寨而行，或背向山寨而去，猛抬头，猛回身，落入你眼帘的终是山寨顶那阁楼与望江台。如果你步入一户人家，推窗而望，或选坐于一饭馆的空敞处，亦是如此。就是狭窄街道两边的屋檐中间，或两层相接的缝隙中，那山寨顶仍是无处不在。这又有些近似大溪镇和瞿塘峡之间相属顾盼的关系。何以如此？是否有石宝寨人的崇拜感恩心理在内呢？是否他们感到今日富裕得益于石宝寨的恩赐呢？他们的房屋围绕着它，恰又像保护着它，还嫌不够，要处处看见它的尊容与倩影方才丢心落肠呢！

船在江面上远去，从上、下游十多里的地方看，石宝寨以其大异于周围环境的形象，仍是如此惹人注目。在寨后绵延的浅丘上，在五六里以外，它仍是一个无与伦比的视觉中心。在它周围数十平方公里的范围内，人们的视觉与心理无时无刻不与它相联系着。听赶场的一个老农说：好多农村住宅的门都朝着它开，以讨个吉利。一块巨石和它上面的建筑群竟对人产生如此巨大的影响，即使上面没有天子殿寺庙阁楼，它们也已经宗教化了。虽然这些都是过去遗留下来的说法和做法，但遥想古代蜀国的大石崇拜，古风荡漾其间，仍叫人荡气回肠，折服于中国百姓的善良与虔诚。这是多么纯朴的民族呵！所以，石宝街

/ll 石宝场码头速写

道围绕它建，房屋贴着它修，空间处处与它亲近，也就顺理成章了。

笔者过石宝寨已不下10次了，似乎恋情终没有尽兴，好像里面还有诸多神秘在眨着眼睛。

通天云梯

石宝寨江对面五里处的西沱镇，其街道垂直于等高线的布局特色，在建筑界声誉之高，不亚于石宝寨。它和石宝寨遥遥相望，两镇相距极近，各具色彩，本应是长江人文景观中难得的，特色又极为突出的范例，只因石宝寨名气太大，掩盖了西沱另一方面的特色。

西沱原名西界沱，隶属石柱县，为酉、秀、黔、彭地区唯一的水码头。据老人讲：在北岸夕阳西下时看西沱镇，它犹如一条乌梢蛇仰晒肚皮，蛇肚皮上横着的一白一黑的花纹恰是西沱由江边直上山顶的石梯，那江边镇头的禹王庙是蛇头，左右龙眼桥是蛇的眼睛。更多的人称它是云梯般的街道，这是街长5里，街道两头高差达160米之故。若要从江边爬到山顶场尾，上则一个钟头，下则半个钟头。笔者曾全程三下二上，备尝其中甘苦，尽情尽致，痛快淋漓。所以云梯街之称，毫不过分。

一般而论西沱镇的布局，恐是长江小镇中唯一全程均垂直于等高线又长达5里的典例。但要大致观察其形成的原因，我们会发现这亦属必然。西沱选址：第一，有回水江湾成"沱"的深水良港。第二，相对左右山的坡度而言，地势仍较平缓，且下为土壤层极薄的石板岩，不仅少占农田，还利于凿石开梯，并得坚固宅基，所取石材又可砌墙体。第三，场镇基础略高于两侧，利于全镇左右排水。第四，垂直踏步面迎长江，行人可毫无阻碍地观察江船动向。若从地理位置上讲：小而言之，西沱位于万县、忠县、石柱的交叉点上；大而言之，它又是湖北西部，川东南酉阳、秀山、黔江、彭水乃至湖南西部的货物与行旅的一个重要聚散点。因此，西沱之繁荣和街道之特殊布局又适得相互促进和完善。

西沱民居，层层上叠，鳞次栉比。过去店肆桅灯密布，人声鼎沸。所有建

筑几乎都搁置在 80 多个平台上。平台稍大者，设四合院、三合院，小者仅前店后宅。建筑讲究一些的构作，多放在宅后，诸如读书楼、客房、小姐楼等，而左右浅溪有数量不少的各式小桥与场镇小巷，街道相通。其间杂以竹丛、黄桷树。因此，各家各户后院都有一个宜人的环境。另外，基础的稳固和坡地的倾斜，以及面积的局限给经济较好的商户提供了多建楼层的机会。这也是建在浅丘平坝上的四川场镇民居中不多见的。西沱有房舍建楼多达 5 层的，墙体下砖石上木构。其中有的小楼梯呈螺旋状上升，十分别致。人上到顶层，推窗极目远望，浩荡的江流尽收眼底，心境亦极舒展。西沱商业的发达必然促进寺庙、会馆、祠堂的兴盛，这些建筑有一定的面积方能满足格局的发挥。甚至于街上经商发了财，人丁又增加，街房不够用者，凡此种种均择场镇左右坡地兴建一切。恰因为各种条件的宽松，这些建筑修得一派"正宗格调"，反而没有在窘境之中的建筑修得"动脑筋"，而花样别出。所以论民居的特色，还得在街上。

　　最后值得一叙的是，整个场镇高低错落的变化首先取决于整个场镇基础的

西沱写意图

丰富变化。地面不仅有石梯、平台，它还应包括堡坎、石栏、流水、小桥、涵洞、天然石板路面、转折的岩墙、石凳、街沿等一切与地面直接接触或相近的部分。这部分几乎全是石作，自由发挥到极致。若做一设想：把房屋全都拆去，只留下地面部分，那千变万化的石作艺术在长5里、占地1350亩的大面积上，该是何等的辉煌。

大昌采风

一般认为，三峡地区仅指长江干流三峡段，但作为大概念的三峡地区，应包括与之相关的支流，以及和干流相近的地区。

三峡支流有很多不亚于三峡干流的奇绝风光。那沿岸点缀着许多著名的历史灿烂的小镇，比如，大宁河畔的大昌镇、宁厂镇，汤溪河旁的云安镇、盐渠镇等，或因为盐的发现而兴起，或为一方农业经济中心，或为交通要道，综合起来，展现了川东山区重要的建筑层面，集中浓缩了一个历史时期那里的政治、经济、文化等方面的变迁。作为文化载体的建筑，这些小镇自然会在选址、街道布局、民居状况、其他公共古建筑诸多具体的空间上将这些反映出来。这里面围绕它发生的故事就太多了，无疑这是建筑文化颇具本质性的一个话题。

你若泛舟大宁河小三峡，在中段滴翠峡和庙峡之间，你会发现山势忽然开阔起来，光线更加明朗，群山之中亮出一块宽大的天地。四川山地、丘陵农业区有一个相同的特点：农业富庶区多在坝子上，坝子大则场镇规模较大，坝子小场镇亦较小。大昌镇就在大坝子前面，亦就是典型的农业经济型和交通型结合的场镇。那么，在选址问题上，其回旋余地较工矿型场镇大得多。大昌镇不仅地处一个农业区的中心，亦成巫山县北部中心，其聚合力和影响面可辐射至百里之外。加之这里和巫溪、湖北毗邻，又临大宁河一处良好港湾，至迟在晋太康元年（公元280年）就开始在这冲积而成的河滩上集镇。那时的木船从巫山到此上水要一天，从巫溪下水要半天，都恰于此处停泊落脚，或为住宿或为午餐。而此地农业发达，有经济、幅员的支撑，亦有丰富的物资供应过往客商。因此，街长俗称五里，两面店铺陈列。夯筑的黄色土墙色泽非常漂亮，间杂着

/⋀ 大昌镇南门码头速写

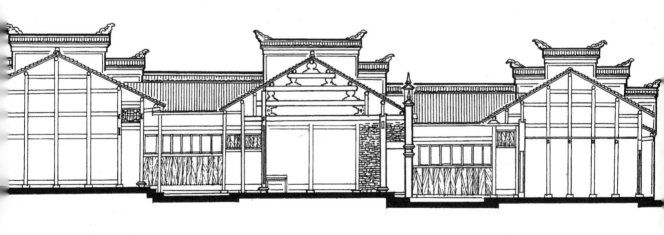

/⋀ 大昌镇温家大院剖面

木质结构，或留木质本色或染土红，是自然的华丽，朴质的辉煌。经济条件好的人家，四周多砌火砖，有封火墙考究，装饰多不侈华，但用材毫不吝惜。街分两段，在平地上一段古老的街区中还有城墙封闭，留有四道城门，其中南门傍河，亦兼码头，是古时正门。这是历史最为悠久的大昌镇原型。著名的温家大院就在南街的中间。

建于清初的温家大院，系二进制四合院，前后院不在一条中轴线上，后院略有几度偏离。此做法从左右环境看，绝不是用地局限，是何道理，难以断言。但笔者沿着街道走一遭后，发现各城门和街道也不在一条直线上，均有偏离，而偏离的斜度几近相同。大昌镇的四道城门皆取正位朝向，正东或正南，正北或正西，而街道的偏离给宅院风水正位带来麻烦。若大门取正位朝向，势必给宅院的前面部分，包括前厅、铺面带来一个歪斜的平面和空间，这势必给风水意识浓厚的古人在心理上造成沉重负担。鉴于传统宅院的核心部分在正厅，即供奉神位香火之处，相较大门而言，正厅地位重要得多，因此，宅院选择了以门厅部分顺街道走向布置，正厅取正位朝向的做法。就是产生了前后有些错位的格局。恰是这一处理，成就了空间关系的变化趣味。在见惯了全国大一统的中轴布置宅院的死板模式后，笔者于此颇具新鲜感，尤感中国老百姓在天上（风水）和地下（皇权）发生矛盾的两难之时，往往有出奇制胜的高招儿，或舍上取下，或隐上避下，或兼顾上下。而且主人易于和工匠合作，把各类矛盾体协调得非常好，从而把物质与精神的关系，把相互之间的精神文化内涵推向很高的境界。由此可见农业文明的发达与成熟，在中国，无论什么角落，我们都可以感受到它强劲的力量。里面是否有值得借鉴继承的东西？和西方文明相比，其独特优秀的层面能否作为民族性予以弘扬？这些都给我们提供了思考探索的广阔天地。

就要离开大昌镇了，在晨光朝霞的灿烂气氛里，笔者从船头回首那依稀的城郭，仿佛看见古代人们赶场的某一个早晨，大宁河上船来船去，过河人不断，那里充满着旺盛的生命力。

深山明珠

溯大宁河而上过庙峡，小半天船就靠巫溪县城岸。再往上就不通船了。老人说："咋个不通？原来到宁厂的船上上下下何止百千？！"宁厂镇即在巫溪县城上游，大宁河支流后溪的下游处。

记得最早把宁厂较全面地介绍给四川观众的是水粉画家简崇志先生，笔者今日得以和宁厂镇相处半天，除更加体验到简先生笔下华滋而含蓄的色彩美和饱蘸激情的笔触外，漫游小镇，品味石木，涉足浅溪，穿桥过巷，更加感到这静谧边远的山区小镇有一股建筑和艺术与自然相谐至诚的大俗大雅之气。由于边远，这里建设性破坏少。洁风洗面，爽气袭人。好一个宁厂镇，竟然古风习习，顺之天成，一切依旧。此乃川中小镇明珠无疑，弥足珍贵也。

宁厂因古代自流盐泉的发现而兴起。盐泉由峡谷涧流出，当地兴盐厂、建街道、设商号、建栈房……这一切都在无一尺平地的陡岸上展开。离盐泉太远，则无宁厂镇的存在。没有可资回旋的余地，没有退路。因此，唯有在盐泉的岩壁上砌石垒壁，挖方填土。即使如此，得来也无非是极窄的屋基。这就逼着老百姓向空间要房要屋。于是，坎壁下再撑木柱，斜撑，直下河底适成临河一边木、石、泥吊脚楼混阵。从河对面看，断断续续，长达数里。其间，各式自由到极致的做法，五花八门，精彩绝伦，真是只有想不出，没有做不出。有的似乎仅几根木柱，却支撑起一个庞大的房体，似摇摇欲坠，却傲立数十年；有的长石挑出河岸，上面还要夯二层土墙；有的"干打垒"乱石垒砌，动辄数丈……于是整条街时而空敞，时而封闭，形成三四个集中块，并有索桥和对岸联系。这是临河一面。那么靠山一面呢？则更艰巨了。最起码的做法是分台向上开劈，一台又一台，大大小小，宽宽窄窄皆不尽等同。当然各类屋面形状亦随之产生，一坡水、两坡水，依势就形，随遇而安。更有趣者，于此窄到极点的地理条件，有的人家还想方设法弄出一块地坝、天井之类，什么几何形状的都有。若只汇集地坝、天井的平面造型，那也将是一个非常丰富的集子。这一切就把房屋里里外外的空间组合推到极限的地步。无论何处，好像增一寸不行，减一分也不行，至臻至善体现得淋漓尽致。而室内空间，石梯串联，三五步，十来步，犹如登山。恰因如此，一步一方天，一个房间一种气氛，变化万端，

△ 宁厂北岸偏安一隅人家充分利用石砌堡

让人目不暇接。层层递进，人爬上高层往窗外一看，只见下面碧流如缎，屋面
逶迤。居高临下于小巧室内，人会油然而生一丝快慰感。彻底徜徉在大自然怀
抱之中，人生亦感满足，不由自主便来一番室内设计。

　　临河和靠山两边房屋中间的街道自然狭窄，然此类布局在整个几里的长度
中仅占一小段。更多的是半边街，或面向河面半边开敞，或面对山脚半边空旷，
均不作定法，因地因景制宜。这样的街中漫游让人丝毫不觉局促和压抑。更有
些段落，屋檐伸出过街直临河岸，或独家成棚，或几家成廊，通做木栏杆加凳。
石梯亦在廊中砌就，尤显得风气古朴。个别在廊上建楼，楼上再开一个小阳台，
一把川东凉椅、一张小桌摆在里面，午休闲读，皆是不可多得之所。这半边街
过街楼最为丰富的河岸建筑景观，充分表达了川东山区小镇的人文风气，虽为
俗作，却也有大雅，极为难得，极为迷人。

　　宁厂小镇由于街分几段，人又分段集中，要把几段连起来，其中必然有封
闭式街、半边街。然而在各段之间还有一两段全无建筑的傍岩小路和山野之景，

/⋀ 宁厂老码头及周围民居

犹如公园疏密关系中"疏"的景观处理。这是无法造建筑的绝壁之处,虽仅几十米,却在调剂人们从街上出来的心理上起到恰到好处的作用。当你觉得适度时,转一个弯,另一段群屋争辉的景象又出现在眼前,似乎在催你急行,先睹为快。人的情绪在强弱节奏中有序地变化,让人绝无疲乏之感,反倒觉得是一种享受。小路续而不断,断中有续,时断时续,曲折蜿蜒,高高低低。人的情感被其调动后不能自主,主观意识被其支配得任随浮沉,建筑的制约力、表现力、感染力、驱使力彻底控制着你。而这一切都以群体貌胜,而不以单体精致、巧妙的制作胜,亦足见建筑作为艺术的魅力,尤其是体量大小的不同所产生的不同感染力。

宁厂选址不由自主,相互谐调却在人为。中国治国,以儒家"仁"为核心的思想施政。治镇治城亦同为此理,若背弃了"仁",像宁厂地貌、地理之境,恐实在难以成街,更不要说绝境逢生,且"生"得惬意畅快。宁厂那遥远偏僻的山民,那一代一代的百姓,我要感谢你们,相信所有良知者都会感激你们,你们在那里创造和保护了一颗传统文化的明珠,那令人难忘的建筑文化。

神秘八卦房

一

彭山县在秦朝时名为武阳,唐玄宗先天元年(公元712年)始称彭山至今,是我国乃至世界最早的茶叶贸易市场。彭山县居成都平原西南缘,西北紧靠青城,西南临近峨眉。都江堰分岷江以一为千,河渠密如蛛网,在此聚千汇一,浩然南去。这里自古为南方丝绸之路"岷江道"要冲,东下乐山、宜宾、重庆,这里往往是头站。这里素来经济昌盛,商贸酣畅,文化发达,古迹灿烂。仅东汉岩墓就有5003座,内刻建筑甚精彩,诸如天井、窗棂、双阙、祠堂、石灶、石凳者,从中我们亦窥见建筑古风渊远。城郊有彭祖祠、彭祖墓、仙女山,与青城山主峰彭祖峰遥遥相望,附近有一高达17.5米的浮雕石龙,体大冠全国。这里更有以千年古镇江口为中心,辐辏李白读书台,张献忠古战场等若干人文景点,与湖光山色融为一体。这里历来招惹中外学人关注,加之近、现代常有考古发掘新闻爆出,法、英、美专家,原中国营造学社,中华民国时期中央研究院梁思成、商承祚、夏鼐等教授也曾联合调查发掘。刘致平教授对江口镇附近山丛中的一住宅陈家花园亦做了考察,认为是"很可贵的实例"。其特色是"陈宅山居修置园圃亭榭","自为别墅,有山石林泉的乐趣","是早年花园类型之一"(刘致平:《中国居住建筑简史》,中国建筑工业出版社1990年版,第172页)。仰上综观,此境此民之宅必有别出心裁的创制,笔者果得县文化局长江河同志指点,得以在一名为"八卦房"的住宅流连盘桓,心得所至,神秘诡谲,别开生面,遂浅疏陋释就教同志。

二

八卦房位于县城西北公义乡欣开村六社。宅主为李姓,世代务农,现主人李志安为孙辈,已六十开外。估计宅兴建于清末民初。宅置阡陌稻田之中,藏于平原浓密丛篁深处,是一个八等边呈八角形的八面体围合内向封闭庭院,现仅存两面一角建筑,平房,仍住人。主人告之其余六面相同。宅坐西朝东,东门宽为一面的三分之一，亦是每面面阔三间的一间之宽，如此，八面除门共23间，均为同等间距与进深的空间。西为香火，亦正堂，同为门宽，左右间为族中辈分最高者居住。门与香火自成中轴线两端，线过庭中心，立有一木杆，测日晷观时用，亦可组架晾晒家什。23间内全不相通，前有宽2米的半封闭过渡空间廊子。面阔三间中，中门为双扇，居中开合。左右侧门，靠左靠右，紧邻另一面左右侧门。廊子把所有的门都串联起来，形成公共空间，围绕天井成一圈。进门入廊子即可绕庭一周，适成回廊。如果把每一面看成一个单体，其平面均成向内梯形，由于等分房间，房间亦成梯形。台基土泥夯筑，为毛石包砌，高于天井约30厘米。八边形天井每边长约6.4米，面积约170平方米。所有立面下半部分均为土坯砖垒砌，上为夹泥编织，外立面每边长12.5米，无窗。内立面长约8.5米，房间进深6米，加廊子8米，有趣的是外边周长刚好100米。建筑面积约560平方米，加天井共计约730平方米。建筑为穿斗木结构，加工粗糙，梁柱纤弱，构架单薄。若无土坯镶嵌其间，弥补其稳定不足，该房实有风雨飘摇之感，何拒盗匪乎！这诚为财力不支所致。另外，门道无槛，与天井持一水平面，利于鸡公车（独轮车）行进，还利于天井向外排水。粗略一看，八卦房似浅碉、似回廊、似寨子，此般怪异造型实难与民居相联系。再一深思，似乎史载无迹，尚无先例，至为新奇，人们自然初感缈缈，不得要领。主人亦告之，过去"棒客"（土匪）凶险，宅为拒匪防盗之用，门枋上尚有盗匪刀痕之迹。防不胜防乃中农之力，然统家人于一体求个阿弥陀佛，不了了之而已。宅主病急乱投医，借八卦以威慑，实也不懂啥为八卦之功，在劫难逃倒为意料之中了。

三

八卦源于《周易》，为其中八种基本图形。作为宅基或庭院平面而构筑起来的房舍，按八卦造型要素，有"爻"（阳爻—阴爻--），才能成"卦"。无爻的对应布置和构造，亦无意象，象征的爻符号表示提示和隐喻，自然就无任何"卦"的空间组合。故而，在整个平面及空间中亦不存在所谓"八卦房"之名，实以八边八角附会"八卦"之说。因纳八卦于一图，自古就有八等边的画法，更有圆、正方、长方者，形多图杂。不过以八边八角画法者最为形象，一目了然，流行最盛。至于凡见八边八角之形概叫八卦图者，亦人云亦云，便渐多了起来。再看传统文化中，常赋予"八"数特定意义，诸如脍炙人口的八仙、八极、八宝者等，使八数罩上一层神秘色彩。如此，则首先排除宅主以八卦本义为宗旨的建宅意图。若纯以八卦本义建宅，不仅难以成全结构，还易衍生怪胎。"爻"变反复重叠组卦的64卦中，祸福吉凶的卦象演变及卦辞的象征意义足可导致人的精神崩溃，谁也不敢冒此大祸。这也许是史迹上至今尚未发现如此兴宅择基的原因之一，亦是民居平面形式多样性、特殊性的一个缺项。这是《易经》神圣不可亵渎而不存在实例呢，还是特殊性没有构成典型性？不过除住宅外，诸如塔、幢、寺庙、亭阁等，以及一些建筑局部，八面八边八角形式却比比皆是。大约此类精神建筑在相互依托和作用上，与《易经》卦义同样具某些同构功能，都是为了追求某一精神境界和效果，两者并行不悖就见怪不怪了，或以此相互推波助澜，玄昭神圣和神秘。更有甚者，认为历史上《周易》不仅是解释万事万物的总则，亦自然是规划设计建筑之纲领，神圣是至高无上的。住宅之虞，生死淫乐，吃喝拉撒全都在里面发生。若赋予八卦空间或平面，任其在里面作践神圣，至高无上岂不形同儿戏。故此般极易肇以祸端之事，不仅不会出现以卦爻之形的住宅空间布局，就连有涉嫌瓜田李下的八边八角也难见天日。

据此反观李宅初衷，一则乡愚不知，二则知之敢犯。知与不知，皆是一大创制。无中生有，有中更有就是别开生面，民居浩瀚，精髓正在于此。

四

话说回来，"知与不知""皆是创制"，又非海市蜃楼，凭空而建。宅主防匪盗，建宅拒御只是导致建宅行为的引火线，作为文化的建筑出现，诚应有广阔丰厚的历史文化背景和渊源。巴蜀之境，大者像城市场镇布局，诸如2 300多年前建城的阆中、昭化，其风水理论实践的至臻至善，在国内堪称典型。又比如罗城场镇船形格局，西沱不沿等高线的反常布置，亦堪称特殊。心裁别出，属国内罕见。小者像斗拱做法上，"在东汉三国时期"，"拱端卷杀"，"四川一带有用复杂曲线构成∽形和P形状的，最为特殊"（刘敦桢：《中国古代建筑史》，中国建筑工业出版社，1984年6月第二版，第78页）。若从八卦房的彭山县境看汉画像砖："两阙之间有一建筑物，上为人字形屋顶，其下正中单立一壁，再下一横基，将两阙相连……这种用'△'字架将两阙相连的画面"（帅希彭：《四川文物》，1991年，第222页，《彭山近年出土的汉代画像砖》），至今也是奇特仅见的。这里还有汉砖表现手法异趣于川中各地的雕刻，以及汉墓中发掘的陶座铜枝摇钱树——我国汉岩墓出土的一株造型最大、铸工最精、图饰最丰富的摇钱树。更有岩墓众多庞大精致的各式汉代建筑表现等。这些是否就证明彭山境民素有标新立异之为，敢为不敢为之为呢？当然不能一言以蔽之。然它至少说明一方水土养活一方人。于辽阔国土而言，各地自有不同而富特色的生活习俗和文化创造，并深刻地体现出历史的沿袭性和相关性。

除以上原因之外，平原之地，如何才能相准宜于建造住宅之地？尤其是在匪盗猖獗、民不聊生之乡。严格意义上的风水相宅之术，诸如明堂龙脉、青龙、白虎、朱雀、玄武之境于平旷之原可谓一筹莫展，风水家相宅和书载多以有山有水之地作为例子。于是，百姓皆多从建筑自身的信仰完善及环境的修补去对应附会风水之说，以求得庇护和安宁。富豪之家除建筑本身不易遭劫外，亦可利用诸多关系化险为夷，不存在恐惧心理。百姓诸力不敷，唯求神仙保佑，凡一切可以带来平安福寿、改变厄运境况的作为，都敢尝试，以弥补若干困惑带来的不足。建筑只不过是这种文化的一个侧面而已。据此看李宅择地，即从八卦房的朝向调整中也许能窥出一些端倪。风水中亦把广阔的平原称为"明堂"，用"明堂容万马"形容平原广大。明堂中宅自是宝地之中，正切中平原较富裕之理，顺理推测风水，必从大格局的地形地貌中去寻找意会风水中择地要素。八卦房调整朝向以坐西朝东，对景即为岷江，以附会朱雀，稍远为彭祖祠、彭祖所居的仙女山。开门见山，山映虔心，默契于香火，亦可用案山朝山解。后左青龙的青城山，后右白虎的峨眉山，中后为邛崃山作玄武解。若不如此，门的朝向任换一方皆不能自圆其说。清代诗人袁锡咏彭山《东山晚眺》："木落天气清，空山来返照。远景隔林明，万岭恣凭眺。"不仅东山，西面"万岭"诸山，"天气清"时，亦可"恣凭眺"。所以，八卦房位于道、儒、佛的大格局中心点，整朝向，树八方，其选址择地自在情理之中。再退一步说，朦朦胧胧，百姓不知易卦为何物，然"易学在蜀"，亦见《易经》在蜀影响之深。"周有苌弘，为孔子之师"，易学之推阐最为显著。"汉有落下宏，曾为武帝制太阳历，百年仅一日差"，再严君平、扬雄者，"不仅弘扬易道教化作用，更于冶炼"，炼水银为母砂（氧化汞），烧铅铜为"黄金"（假金），实为世界上最早又最成功之化学实验，且其术相传正为彭山之彭祖所授。以上皆为蜀人，故"易学在蜀"。近代"学贯天人"的易道之家辈出，无须赘述。在这种历史、地理、人文相互烘托的氛围中，易卦演化"广泛应用于自然科学和社会科学"中，"八卦宇宙论之印证应用于我们的全部宇宙和小宇宙（人身），自见其可能"。百姓耳濡目染，不谙其深奥，以不甚明了的其理其法度之，则亦在情理之中。

不管怎样变，建筑空间的使用分配万变不离其宗，仍循着宗法伦理的轨制布置。严格的中轴对称布局，正堂亦作为香火，以正堂为顶点，按辈分沿中轴线左右向下分配，辈分最高者居正堂两侧，20多间房纳几辈人于一统，尤其房间无门相通，以回廊制约全体，更显出原始封建色彩的顽冥。诚然八卦房又恰是一个句号，以建筑形式在这种制度后面圈上。它亦是传统文化在建筑上一个美妙奇特的注脚，更为传统民居平面布局增添了一朵小花。

五

最后值得一提的是，天井中心置木杆测晷作息的办法。天井八边实近似圆规。这样，其晷影随太阳起落而发生长短变化，亦有天井周边作为较准的形象参照系数。而处于东西中轴线上的晷影变化比南北向的变化大，最易辨识。这也为八卦房平添了一层"宇宙图案"味道。《周髀算经》说："以日始出，立表而识其晷，日入复识其晷。晷之两端相直者，正东西也，中折之指表者，正南北也。"立木杆为表本为测晷找方向用，不想宅主用来测时间。《晋书·鲁胜传》："以冬至之后，立晷测影，准度日月星。"亦见古人因宅制宜，随机应变的机智。若是四合院三合院的形制，那就显得画蛇添足了。

慵懒古怪魏公祠

　　剑门关的恢宏险峻遮掩了山下一幽默诙谐的小宅——魏公祠。魏公祠不是祠，而是宅主魏树铁的乡间住宅。清末民初时魏公在县上任相当于法院院长的官，但懒散庸碌，常居乡不谋政事。时多有官司告状者不辞辛苦，登门喊冤，久而久之，魏公思忖：何不就在家中设公堂办案，岂不快哉。然而乡间住宅相貌平平，名不正言不顺，不堪愚世，于是他就把住宅改造了一番。

　　很快，一个不伦不类的"怪胎"产生了：四周虽仍是四合院，但不同而耀眼之处是大门变得辉煌起来。"八角扳爪"的牌楼式屋面层层叠加，下为一丈宽大的八字门，为的是便于三顶拐官轿进出，亦显出为官的气派。由门而入是轿厅兼过廊，恰屋面又是官味十足的卷棚式，再过廊入正堂。据说问案宽大，满屋生辉。不过，这一来毛病也来了，过廊逢中穿过，分天井为二，又窄又长，室内光线黯淡。四合院是人字顶的悬山式，过廊却是卷棚式。一般住宅大门大方简略，他却在一般住宅的脸面上贴金粉彩，犹如一庶民打官腔，不官不民，滑稽可笑。改造后的宅子既不像民宅，亦不像官场，百姓不好喊名字，于是取了一个"魏公祠"的折中名。这种在宋、元时代就已消失的形制，川中居然仍有，也实在是件古董。

八　魏公祠一瞥

川中客家屋

四川民居大型宅院之美，在于不违背传统仪教的前提下，尽可能地变通、灵活处置，塞进更多的内容而又理由充分。顽伯山居宅主邓姓，为客家移民后裔，宅约建造于清中叶。在传统森严的四合院大格局布置中，该宅不仅完善了防御功能的碉楼构造，还在"文功能"上做文章。

他移动左后侧的碉楼向内约2丈，使塔、楼、阁的密檐结构和其相糅相谐，创造了一个建筑史中不多见的稀奇风物。于是，一个防卫体系严密的碉楼住宅变得亲善起来，大有儒将遗风。虽然栅子门槛与其他三个碉楼虎视眈眈，然而制高点上的碉楼在视觉上居于突出地

∧ 宜宾县李场顽伯山居

位，其文风荡漾模样一下就会扫去你的恐惧心理。如果再看大门旁的楹联：右是"德门瑞雪书香远"，左是"兰砌春深雨露多"，发现原来是一个文人或崇尚文明的人家所为，那么任何畏惧情绪都随之消失了。这也许是邓宅的一种战术，不过住宅不是用来打仗的，所以其中似乎又有不得已而为之的意思。

　　宜宾县是客家移民集中区域，他们把碉楼叫作印子，并沿袭着祖籍地好建碉楼的风尚。他们到四川虽200多年，所建碉楼住宅形貌亦受到中原文化的影响，然而其固有特质仍时时散发出南国的清香。

飘逸的峨眉山民居

笔者在峨眉乡间一住5年。"不识庐山真面目，只缘身在此山中。"近距离地反复端详峨眉民居的芳姿媚态，终只得一鳞半爪的感叹，不得其精神与全貌的实质。困惑之中我谒请建筑大师徐尚志老先生作断，徐老倏然之间便沉入养育他的蜀国故土之中，神思畅游，语气深沉而悠然地说："它很薄，像纸一样，落脱飘逸。"……飘逸……他一下解开了几年来我对峨眉民居的观察体验被琐碎的美学与结构现象所缠紧的疙瘩。

一

一个建筑师沉迷虚幻空灵，化景物为情思，说建筑不囿于雕琢小技，却神采飞扬于似乎与建筑无关的简淡境界。"画到情神飘没处，更无真相有真魂。"把对于建筑的思考与评价升华到一个从水到虹的地步，使人精神为之一振。

巴尔扎克在《幻灭》中写道："真正懂诗的人会把作者诗句中只透露一星半点儿的东西拿到自己的心中去发展。"

长于画建筑的宋代画家任安，常与山水画家贺真合作。欣赏者认为贺真画技高于任安，其妙处在于贺真只在画面的空白处着淡淡几笔，便使人隐约地感到远山近岫、江岸滩涂的存在，清丽潇洒，给人留下想象余地。

至于历代为表现类似诗句的画的杰思就更雅气袭人了，像"竹锁桥边卖酒

∧ 峨眉山后

家""踏花归来马蹄香""野渡无人舟自横""蛙声十里出山泉"等等。为这些诗句构思的画，最见艺术匠心的深浅。

徐老评建筑，意在建筑之外，其理和上述道理如出一辙，弥漫着传统文化功底的温馨。他"见丹井而如逢羽客，望浮屠而知隐高僧"，抓住了"露其要处而隐其全"的高妙之处，独具与众不同的惊人的判断。这种思想，看似与建筑无关，但正如陆游所说，"功夫在诗外"，而这诗外，恰恰是建筑所需要的浩大空间。有人这样形容建筑，"它是咀嚼了整个世界之后所凝聚起来的精粹"，那么你评价建筑，必定联系整个世界，无整个世界的容纳，则无精粹可言。精神全无，何来建筑？一堆泥沙而已。所以说到底，建筑是一种精神，一种认识、了解整个世界之后的精神产物。作为文化，它又和诗画有很多相通之处，不仅"诗外"相同，本身也相通。评建筑如鉴赏画、琢磨诗句，如前所言，"更无真相有真魂"。峨眉民居，屋面简薄，常在多雾多雨的地方性小气候的迷茫之中。远远望去，深灰屋面兼染绿苔。空气色彩透视的视觉效果使其和常绿的自然环境浑然一体，二者之间的色彩反差极弱。于是大景观里的房舍，常处于次要地位，即使有人执意挑出建筑来欣赏，也极难不受环境制约。加之人入峨眉境内，其主观意识不由自主地融入佛国仙山的神秘宗教气氛之中，物质精神融通为一，创造了一个一切都是隐隐约约、稍纵即逝的缥缈景观。从结构上讲，农户相对殷实者，其房大，屋面宽绰，又有寺庙建筑影响的脊翘和飞檐飞动上浮的飘翔之势，依稀之中，情感携着景观升华，感觉未必下沉。

如果说徐先生对峨眉民居的美学特征判断值得商榷的话，我倒从正反两面反复的思考中增强了对此论的坚定和叹服。比如说，飘逸之气何处不有，四川民居及园林，以及古寺庙中，凡多雨多雾的山区，两坡水屋面比比皆是。在特定的时空条件下及各种心理因素常扰之地，可引起人们对美学的沉思与认识升华，也可使人在视觉感受上发现屋面薄如纸，有飘然而起的轻盈感。但是，建筑本身受寺庙影响的结构变化，千年宗教濡染在人们心理上形成的虔诚氛围，以及特殊文化背景与物质形态相互渗透的有机沉淀，甚至于年降雨量之大与日照之少均居四川前列的气候现象等，并非比比皆是，而正是这些极易被常人忽略而浅议其飘逸的纯自然景观和抽象的纯主观臆断。因此，也常使人飘逸得不好捉摸而飘飘然，惶惶然。显然这是在对待事物的特殊性和主观性上，犯了形而上学的错误。王维诗云："徒然万象多，澹尔太虚缅。"叶燮在《原诗》里说："可言之理，人人能言之，又安在诗人之言之。可征之事，人人能述之，又安在诗人之述之。必有不可言之理，不可述之事，遇之于默会意象之表，而理与事无不灿然于前者也。"徐先生判物象特征，缜密见于主客体之间，表现了严肃治学的学者风范，以及在建筑学领域里，把科学和艺术糅合得驾轻就熟而处处新意迭出的程度，叫人叹服。

二

徐先生断峨眉民居有飘逸之气，由此可推想飘逸仍有一种诗与画的境界。建筑与园林受诗画影响及诗画中透溢出来的对建筑园林的赞美歌颂，从两者的融汇中，我们发现徐先生丰富的美学思想。而各门艺术在美感的特殊性上及审美观上的相同与相通之处，又使我们领会到如一种境界融入宗教的虔诚热情，那么，艺术和宗教的密合必然催使人进入崇高的精神世界。历史上最庞大的建筑、雕塑、音乐、绘画都是弥漫着宗教气氛的。此点又分二说：一是生命境界的延伸和扩大，不屈不挠，百折不回，向辽阔深邃的精神空间不断进取的人格力量，表现在对自己事业的忠诚与执着上；二是上述意义一旦适逢特定的时空环境得到充分发挥，一则产生作品，二则悟出论断，均是完善人之所以是人的本质意义。以上两点无不与宗教广义的善和追求人格谐和的美糅合在一起。尤为难能可贵的是，以真为能事的当代建筑科学，对以此为创造发展的人来说，能将真、善、美三者融于人生、事业，并和自然、社会处处时时心心相印互为观照，那么，此人的诸言诸行定是醇香之蜜，绝不是掺水之糖。因而飘逸之论不同于飘浮、缥缈的轻率。它浑厚沉雄，但又区别于"诗与画"的境界。现代建筑学者的作品不仅服务于人的生理需求，还情不自禁地表现着人生，宣泄着个性，体现着人格。"情不自禁"是学问水到渠成的愉快流淌。要做到这一点，你就必须时时事事营造着属于自己的（固执的）又有时代气氛的个人小天地，并须臾不能把思维这生命的触角缩回来，像卫星天线一样，永远搜寻着精神世界，浩渺天际、广袤山川发来的关于生命的真谛，以及关于宇宙奥秘的信息。对于自然与精神世界的认识深化，亦是对于生命意义的深化，反过来必将成为改造客观世界的强大力量。这一点与苏东坡曾说的"宁可食无肉，不可居无竹，无肉令人瘦，无竹令人俗"同出一理。俗的浸染可使人情操低下而格调平庸。如此，谈何真、善、美的执着追求呢？又反过来如罗丹所说，美的存在到处皆是，俗的眼睛又如何能去发现呢，浅薄的见识又如何去改造宏大浩繁的客观世界呢？

　　拿峨眉民居中的"冲楼"一观来讲，此观多在峨眉山的山脚一带。它实是凌驾于屋面之上的读书小阁，结构简约，屋面四展，柱单壁薄，窗空棂透，为的是高瞻远瞩，慕读书人知四海、畅人生、宏事业的高雅，不一定家里面就有读书人在上面舞文弄墨。而如此翩翩风姿所散发出来的对于知识的敬仰与钦慕，却和过往人、旅游者的情思不期而遇，神交于峨眉山区。那么，这种物的形象自然就流露出造房主人的情趣和志向。而对于物的意蕴的深浅见识，则深者见物者亦深，浅者见物者亦浅。也可结论为飞翔、腾起、升浮等等之词，而飘逸一吟实为学者之见，精辟准确，至情至理，尽善尽美。所以人的内在追求、文化向往总是和创作建筑、论鉴建筑联系在一起的。一旦契机和条件具备，它们就会产生共鸣。

历代中国诗画大家毕生探索画中的禅宗境界，而使作品超凡脱俗，净化到物我为一的炉火纯青的地步。建筑为立体的诗、画、音乐，道理何尝不是如此，为的是作品不至于浅薄、轻浮。抽出禅境的追求，多有火候不到之感，即是此理。拿流行的话来说，要专一必须先广博，所以众口一致地评价徐老建筑作品"成熟"，绝不是顺口之言。

三

《宋史·晁补之传》云："才气飘逸，嗜学不知倦。"其意指飘逸除可用于断论一种物质现象外，还可以作为人的一种气质表现在对事业的专注和发展上。宋代严羽《沧浪诗话·诗评》云："子美不能为太白之飘逸，太白不能为子美之沉郁。"这说的就是李白身上散发出的创作才气。才气，无非就是学问和学术、见识和胆识。见识多用于学问，胆识多用于学术，二者不可分离。然胆识更是建筑师迫切需要的。而胆识的得来又取决于阅历，经历这样的实践中的见识基础之上的，如此方才有"识"有"胆"，与轻浮之态终是风马牛不相及。我们看到徐尚志先生于1978年11月的南宁建筑创作学术会议上惊呼：有的人把"建筑创作"视为旁门左道而讳莫如深，唯恐避之不及，把……建筑创作学术委员会的名称都改了，取消了"创作"二字。这么一改，千篇一律的抄袭之风的建筑风格必然弥漫全国，而学术气绝沉死，那么中国建筑还有何望呢？徐老这一观点显然以识诉诸胆，表现出"嗜学不知倦"的飘逸之气，而此"气"又完全基于对民族文化坚定执着的"识"之上，因此他提出了建筑民族化、现代化的创作之路，必须反映客观实际，符合"此时、此地、此事"的客观条件，才能收到预期效果的著名论断。显然，前面徐老判断峨眉民居的特征时以飘逸为断，亦是"识"的过程，表现出和后者"胆"的内在一致性、必然性。他的作品同时也反映了这一点。比如，做峨眉山规划时，他发现寺庙和民居在布局、风格，以及和环境的关系上都非常接近，因此，对其中的旅游建筑就吸取了当地民居建筑风格，或依山就势，高低错落，或造型简略，舒展大方，核心是以飘逸之气贯穿始末，以使其传统延续和发展，这也是识中有胆的做法。汉代王粲《浮淮赋》中曰："旌麾翳日，飞云天回。苍鹰飘逸，递相竞轶。"徐老七十有九，苍迈如翔鹰，仍不倦地追求着完善人生。他在全国、在四川孜孜以求地奔来跑去，举着建筑这面旌麾，飞云天回，仅在四川，这几年就花了很大的精力参与《四川古建筑》《四川民居》两本书的编著。这样一个大省，浩如烟海的传统建筑，有这样以身相许、以决战姿态亲临第一线的老同志参与著述，相信这一庞大工程必定能够顺利完成。这里又体现了一个建筑师超脱、潇洒的情怀。飘逸是一种成熟，是对事业的开创，更是对民族的忠贞。

峨眉山寺庙与民居

    峨眉山秀美而巍峨，对园林、商业诸多方面产生了深远的影响。那么其寺庙建筑是否也对周围的建筑尤其是民居产生了相应的影响呢？答复是肯定的。

    峨眉山周围的民居，小而言之是指各县靠近山周围的乡、村，主要是山前和左右侧的峨眉县和山后的洪雅县；大而言之是指附近县及其所包括的单体、群体建筑及场镇。峨眉山寺庙和周围民居只是现象上的因果关系，这就掩饰了它们之间的时间因素和心理联系因素。为了深入地探讨和揭示千百年来这种建筑上发生的转换的因果现象，本文试就"影响"来调整契入心理学的观点，以完善因果关系的中间环节不揣浅陋地谈谈想法。

一

    "影"，阴影。它的原始意思是投射到地面的影子，它具有物体的外形，是平面的。

    我们探讨的"影"，是客观事物作用于人的感官所产生的思维反映，是一种感觉，是投射到人的大脑里的影。

    "响"，反响，响应。它是在通过"影"这个感觉而获得的材料基础上产生的结果。它一部分是客观事物的反映，一部分是客观事物的主观表现。

    峨眉山寺庙首先是一个由复杂因素构成的"形"。形影不离，无形则无影，有复杂因素构成的形，就有复杂因素构成的影。再推而论之，就有复杂因素构成的响。于是就出现了这样一个心理效应公式：形—影—响—形。

那么，后一个形，便是在以上的前提下产生的峨眉山周围的民居了。

众所周知，人对于客观世界的认识始于感觉，人借助它，感知事物的不同属性，诸如色彩、结构、质地、光影等，不通过它就不可能知道事物存在的任何形式。因此感觉又是客观事物的主观形象，客观事物反过来又是感觉的源泉，最后又是客观事物的模式。

然而，人是不仅仅满足于感觉的，不满足于心理发展过程只停留在感觉的初级阶段，生存和发展的需要促使他们深化这种进程。我们知道，感觉在个体发展中跟人的实践活动，首先是和劳动有关的。而这些实践活动必然与实践对象产生情感意识与认识意识。愉悦的情感意识与了解事物发展规律的认识意识合成一种潜在的需要，并由此激发出一种内在动机直接引起人们的行为。

当然，从感觉到动机的心理发展过程，以至后来诉诸行为的过程，会受到若干外部与内部的干扰和刺激。然而，强大的、具有不同凡响的含有特殊属性的事物，将震撼人们的心灵，并一往无前地影响人们的心理发展过程。一旦条件具备，人们就会以各种方式构成和它相呼应、相谐调的形式。围绕着这个具有特殊属性的事物，这个影响核心，人们构成与之相关的心理效应氛围，再由此衍化为相适应的社会文化圈。这里泛指的是一般情况。如果在特定的历史环境里注入特定的意识，并把这种意识和外部与内部的干扰、刺激等同起来，取代了人的正常心理发展过程，那么由此生成的心理效应氛围就只是短暂的历史心理现象，随之应运而生的社会文化圈也将随着时代的发展而淡化直至泯灭。

因此影响核心的形成是从感觉到动机直至行为的正常心理发展及结果。它如果有着特殊性的一面，则更有感染力，影响力就越大，并极富延续性，笼罩着这个特定场合的特殊气氛和情调就越浓。

在峨眉山周围生活的居民，耳濡目染寺庙建筑的雄奇壮丽、庄严优美、隐逸超脱、清幽自然，无不崇尚之至。加之寺庙建筑与环境相得益彰，以及宗教、历史、地理、工匠、名流香客、自然现象等因素的关系，山周围居民的自我意识在这种特定的环境中，通过主体与诸多人与物的相互作用而形成。这种自我意识的发生和发展，实则也是人对周围世界融入感情与认识的过程。前面已谈到，它必将对行为起巨大的推动作用。

以上所述，基于客观事物对人的心理影响并由此带来的心理效应以及行为的必然性，这就为进一步分析峨眉山寺庙对周围民居的影响提供了辩证的心理学依据。

二

峨眉山寺庙这个"形"，是客观世界与主观世界的合一体。它对周围民居的影响必然是客观与主观两个方面同时进行的。只是两个方面有时互为宾主，或客观为主，或主观为主。但有一点，两者都不能相互独立去构成影响。

寺庙是精神功能建筑，纯物质影响不复存在（相反亦然）。无论是局部构造与单体建筑，群体建筑与环境机制，还是宗教语言文字传诵与民间口头流传，抑或是历史地理、自然现象等，它们都是结伴而行的。物质和精神谁也离不开谁，谁也无法单独闯入影响的社会圈子。不过，这里还有一个"量"的问题。一般情况下，量大的影响力大于量小的影响力。前几年一个美国画展的广告，几十张广告上下并排贴在一起，收到了比零散张贴更加耀人眼目的视觉效果，便是一例。量是包括体量、质量、数量、精神力量等在内的总体概念，即主客观双方的量。那么，从山麓报国寺到山顶卧云庵，沿途90公里若干寺庙所构成的这个宏观的量，一个跨越时间和空间又融汇时间和空间的量，该是多大的量呢？其实，那就是若干寺庙总和的一个宏观的精神体量。因此峨眉山寺庙就不是某一具体寺庙的狭隘含义了，而是物质与精神的合成概念。一个庞大的模糊的主观形象，如果与诸环境因素联系到一起，峨眉山寺庙这个由量变换为形的量，就更加雄伟、辉煌，没有固定模式，错综复杂，庙影重叠，煞是一幅飘然空渺、层出不穷的精神景观了。

历史的进程和时代的变迁促使这种宏观结构不断发展，并制约着微观结构的变化，淘汰与之不相容的东西。这样逐渐完善起来的精神与物质、时间与空间的结合体，是精粹纯正的，真正无"五浊"（劫浊、见浊、烦恼浊、众生浊、命浊）的"净土"。因此，它具有巨大的吸引力，故而构成多方面的影响力。

/\\ 密林伏虎

　　我们讨论的它对于民居的影响，只是其众多影响的一个侧面而已。我们从这个
侧面看到，无论影响通过什么渠道、采取什么方式产生，都离不开心理影响这
一具有决定意义的因素。因为峨眉山寺庙是首先作用于人的感觉后的宏观形象，
影响的是人这个主体，然后又由人来完成影响的过程和结果。没有结果的影响
是不完善的，它还停留在结果前的心理发展深化阶段。

　　因此，宏观的主观形象成因则是一种心理活动的积淀过程，是主体通过视
知觉有选择地接收峨眉山寺庙及环境的刺激，经神经系统编码传入大脑并随时
受到来自主体心理、生理和脑机能的高度整合而生成的。这是一幅美妙的精神
景观。就主体心理而言，它是积极主动的经感觉、知觉、记忆、思维、情绪、
个性的重新肢解、分割、歪曲、调整、强化为一个新的形象，它已和原刺激大
不一样了，而变成一种符合理想的、期待的精神景观。这还不是一次就可以完

成的，仍需多次反复尚能相对完整。而且并不是就此万事大吉，它也还在发展之中。

精神景观如幽灵，它在那些对峨眉山深有感触的人们的思想上游荡。尤其是它周围的人，语言和行为无形中支配和控制着他们的部分时间和空间。而时空关系的相互渗透和补充又改善和加强着他们的观念，冲击着他们的生活领域，动摇着他们沿袭的生活模式，以及他们对自身存在的价值认识。一旦这种心理条件和物质条件相吻合，人们必然产生新的发展心理，以期求得新的心理满足，达到进一步的心理平衡。那么，山周围的民居这种空间形式，又如何逃得出"幽灵"的"魔掌"呢？

人类的进步与发达，是机体与环境不懈斗争而求得生存的结果。这是一切哲学的最高目的，也是一切心理活动的最高目的，各色人种、各族人民概不例外。然而一切心理活动均不能超越统治者主导思想的规范太远，建筑心理亦然，更不用说由此而来的行为了。但是个体心理在历史进程中趋向一致，形成巨大的社会心理浪潮，统治者会从正反两方面权衡并加以利用的前提，在于它对统治者有利。峨眉山民居与寺庙的关系显示：这里面掺有历代统治者利用和鼓励的因素。这可以从影响的深度和广度上得到证实，进而在民居造型的神似上和影响范围上得到充分的体现。

三

形似是一种单向的呈水平状态的心理发展过程，心理状态处于狭窄的思维通道。它受着客体及其属性的制约，是被动的、惰性的，心理活动几乎静止在客体严格的规范之中。它不和客体以外的主、客观因素发生横的联系，是彻底的模仿。它有一定的局限，因此如果说形似也能构成深度的话，那只是一模一样而已。如果说民居和寺庙无所差异，则遍地皆庙了，当然那是不可想象的，所以也无所谓广度了。

神似却是一种综合心理活动。它是在形似心理活动基础上生发、延伸、扩散、归纳、综合而来的心理活动。它来自客体，但不受客体制约，超越客体，凌驾于客体之上，使心理活动进入广阔的想象空间，驰骋自如，积极主动。它是动机和内驱力主动寻求的外在表现，是景仰、崇尚、虔诚心理被激活的完成，是主体文化经历、生理、习俗、风尚、地理、历史等有机的结合与选择，是寺庙和普通民居之间的心理联系中的更高层次的心理活动，是二者之间异化的凝聚。同时它又是精神景观这种宏观形象在工匠和居民（甚至和尚和过客）的头脑中能动反映的结果。它不是复制和硬套，而是材料和技术的可能，以及工匠们对业已掌握的形式语言表现为新的形式语言的探索。

因此，在形—影—响—形的心理效应公式中，最后一个形的形象上，就不可能出现民居和寺庙极为相似的面貌，而只是意象的相似，一种心理联想的相似。这便是我们常说的神似。比如，洪雅县高庙乡一民居的造型明显不同于四川普通民居的两坡水屋顶造型。然而，它更不是卷棚顶的双坡屋顶构造，也不同于硬山式的有山墙齐屋面或高出层面的形态，它是四坡水的架势，比起庑殿的四个倾斜屋面和颇具特色的歇山式屋面来，却自有趣味迥异的地方。最突出之处是它的屋面和戗脊是略成弓背状。如此结构的形成，显然是在不失其实用功能前提下的一种美学尝试，故而产生"不知它像什么屋面"的造型效果。综其根源而论，它仍是寺庙强大感染力的结果。再看峨眉县黄湾一农户，此建筑使人联想起峨眉深山那些笼罩在葱茂林木里的庙宇，以及偶尔从森林缝隙里露一下脸面和探出头来的部分较高构造。黄湾农户从平房屋顶探出一个似亭非亭、似碉楼非碉楼的结构，恰是气候特点做了媒介，给人的感觉是将寺庙和农户联系起来。因峨眉山林深雾大，阴暗潮湿，平房多给人压抑气闷之感，于是人们纷纷建造楼房和吊脚楼。实在无法，人们则从平房中探出头来建筑类似以上的结构，真有点儿像闷慌了探出头来喘一口气似的。而这种气质上的内涵联系，恰是寺庙和民居的共通之处。因此，从山周围的民居神似寺庙这一点来看，建筑的特点是：在普通民居和寺庙中，择中而就，取其神貌，大致不差。建筑如太像庙，则有失凡夫体面；若毫无联系，又流于普通民居的陋俗。于是人们淘汰寺庙具有浓烈佛教意味的结构、装饰等，结合自身所处环境、经济、功能要求而为之。如此之造型上下说得过去，左右也可自圆其说，人们爱美及要面子的心理兼得顾全。所以，感觉事物与表现事物的心理虽无孔不入，让人不得忽视，却又在传统哲学和文化渊源的支配之中。

八 秋染金林

八 深谷飞桥

这种神似的形是融汇历史、环境、社会、民俗、宗教、功能诸多因素的产物，是进化的心理活动的物化，这种具有深度的神似，也是神似的深度，不可谓不深了，不可谓不"神"了。这种建筑集众多因素于一空间，经千百年的心理咀嚼，水到渠成，和环境浑然一体，毫无雕凿粉饰痕迹。人民乎，大匠手笔乎？

这种神似的深度是建立在心理的广度之上的，没有心理的广度形不成心理的深度，所以心理的广度又能形成神似的广度。深度和广度的辩证关系显示：纵使统治者在建筑上干预了这种关系，而在另外的领域里建筑必然同样顽强地表现着这种关系。

由此看来，要跳出形—影—响—形的心理效应圈子，显然是不可能的。由此类推全国名山圣寺、宏殿巨庙对周围及更远地方的影响，实属情理之中。这种影响即使不在建筑上反映出来，也会在其他方面表现出来，诸如语言、服饰、器具等。其中一点是应特别再次重申的：寺庙在宗教上的地位越高，历史越久，建筑规模（单体与群体）越大越精美，那么，它对周围构成的心理影响在建筑上反映出来则是越深越神似。在广度上表现出来，则是小则方圆几十里的乡村，大则百里的城镇及邻近县市地区。

四

在形—影—响—形的心理效应公式里，前一个形是否天然应该影响后一个形呢？历史并不是这样的，而且最早还是后一个形直接影响前一个形。

自佛教从南亚次大陆传入中国后，供奉佛像的寺庙均为民居改造而成。《洛阳伽蓝记》所载"舍宅为寺"便是例证。民居毕竟是凡人起居场所，不能解决佛事活动的系列问题，难以显示佛教特点。于是它借助"塔"这种与佛教同时传入中国的构造形式，并取其某些造型特点以改造完善中国的传统民居。所以若干年下来，寺庙无论在单体建筑还是群体建筑的造型上、格局配置上、营造方式上，处处都受到传统民居的制约。而汉民族地区把民居置于中轴线上，附属建筑居于左右两房的配置，又导致了寺庙建筑格局的雷同。如果我们拆去寺庙中某些类似"塔"的建筑特点的结构，那将变成一些什么样的建筑呢？显然它又回到民居建筑里来了，单体建筑变成了独栋民居，群体建筑变成了院落或村落。如果再还僧于民，不就是地道的"人间"了吗？于是我们得出结论：应该是最后一个形影响了前一个形，是民居构成了对寺庙的最早影响，寺庙建筑之本应是民居。

当然，宗教的发展和历史的进步把寺庙建筑推向了更高的营造境界，它的辉煌与繁荣把民居远远地抛在了历史后面。这决定了寺庙建筑必定取代民居，从而影响民居建筑的局面。这种建筑现象的变化是历史的进步，文化的发展，哲学的深化，建筑的飞跃，同时也是建筑思维的周全缜密和对思维静止的不满。它从旧的建筑模式中脱胎而出，反过来又冲击旧的建筑模式。这样形成的规律于今西方建筑全方位冲击着中国的建筑天地，而我们应该在全方位的观照之中做何启示呢？

密林中的风水住宅

人类竭尽自然，或资源或能源，挖空心思以其中一二，或风或水，赖以建筑，巧以利用，互为因果，大得生产生活之利。其朴质高妙之处，往往如大师笔触，虽拙犹神。其真率隽永之气，乃生命创造张力所致。峨眉山龙门硐峡谷两山之腰各有一民居，有着得天独厚的自然条件，化害为利，趋利避邪，因风因水选址建房。虽一宅高悬峰巅风口，一宅冷背阴湿林莽，但自成一番质朴独到的理解和处理。执着之心，水到渠成。观照巨匠炉火纯青的另一极端，童心与天真，诚挚与笃厚，构作虽简朴，同样让人回肠荡气，叹为观止。

以风立意凉风岗

峡谷西面山腰有一小地名为凉风岗者，顾名思义，一因岗，二有风，三才凉。虽荒岭风口，却是去峨眉山最具园林色彩的清音阁景点的千年朝山古道必经之地。山道凿岩而置，一侧为峭壁，一侧临深渊，为由县城来所途经的第一座山峰。以山麓的峨眉河计，约3里陡坡。若从山上回途，为最后一另一坡面，即是说无论上山下山，过凉风岗都有一段同样陡峭、同样长度的坡路，同样足使人累得一身大汗。凉风岗垂直于渊谷峨眉河河面，距其200多米，悬岩险峻、深河咆哮，适成惊心动魄的景观。因公路修通，古道荒僻，恰万物竞争，花草闭径，蝉鸟喧嚣，风声荷荷，反成一方山野乐园。这由白垩纪晚期喜马拉雅运动形成的地质构造，全是山岗，几无平地，除茂密的林木丛竹外，就是风。相对而言，凉风岗名为山峰，实仍属峨眉山山麓地带，海拔 700 米左右，亦处在亚热带分布区内。低山之域，夏天阴湿闷热，游人多为之抱怨，而峨眉山道尽在密林溪谷中盘旋，开阔面少，密而不透，空气凝滞，尤其是在低山高温之区。中、高山区，气温本已渐低，人不动则凉，稍息即可缓和热意。然低山无风难熬，唯四面凌空之地有风吹来的福分。凉风岗得天时地利之便，能化解进山客人第一趟大汗之苦，"人和"之善，唯此地建房为最佳选择。房主若施展商事，定然收益颇丰。此为其一。其二，过去香客、游人多中老年人、文人和妇女，步履姗姗，一早由县城或报国寺步行而来，到此正是晌午，饥、渴、热、累一并袭来。倘有一荫蔽凉爽、有饭水充饥之所，"不如一方乐土，更是众生仙地"，难有不驻足片刻者。无论怎样盘算，万般之先，尤以风为最，风字当头，先凉为快，方可稳留过客，然后才有水、食、宿之利，故建房之要，立意唯风。不然弃农经商，挺险风口，倒不如退回原农耕之地，图个小康。当然，风为立意，绝非"兜风"以慰游客而万事大吉。风向风量的把握和调剂，即以什么方法给客人多少风乃立意核心。要达此目的，亦须找到建房之关键，这正是"风建筑"的精湛之处。

此房始建于何时已不可考，现宅主余春和 84 岁，言其出生时房已存在。民国二十七年（1938 年），房子遭火烧，现状和"火烧前一模一样"。他当时已 30 多岁，亲历重建事宜。于此纵观余宅先主，平面布局上，不以旁岩取土作杯水车薪之劳，而以砌垒条石高筑台基求得理想平面，如此更可以获得大壁堡坎立面以面迎风势，借以实现"风"构思的第一步骤。此作非同小可，它就在以朝向调整风向上，铸成立意于风的基础。凉风岗有两股风最烈，一

凉风岗余宅

是冬之北风，二是夏之河谷风。要避开两股风直吹，唯坐北朝南最佳。欲得此朝向，必须于南砌筑高大坎壁。如此除获平面外，更获立面及让风向成垂直状态。把风于此化整为数股，分化其锐势和烈劲，适成和缓轻微之风。但若仅此一大立面坎壁，恐不易达此目的，故在壁构思上退收一半面积，深约一米，形成"风港"，平面即成"⊏⊐"形。风为无形之水于回旋之地，其势自弱，当然"削弱之风"是相对而言。不过，再经几波几折，输送到各空间之后，风就恰到好处了。

由此而来横骑在山岗与山道上的空间，主人在南向立面做了接纳风量的三种处理。一、开敞的山道过廊，占去全建筑平面及空间的四分之一，以悬空"吊脚"式作为纯粹公共空间。从坎壁处理后的余风可绕流通过，风量较大，亦满足游客刚爬上山顶，最热时之所需。空间宽大明亮，结构粗壮牢实，美人靠曲置凌空一面，宽若单人床，厚约两寸。这足见主人在特定环境中对游人心理秋毫之厘的洞察，又传导出传统道德通过传统空间组合强劲地表现出来的美好一面。此为"全风全景"，三面俯仰自如，形、色、声俱佳的立体山水，又得凉风助兴，纳风观景，景情最易交融。得此良辰美景，谁不愿它永驻心身？故此空间极易稳留客人。此为余宅精华之一。二、半开敞的堂屋，仅朝南面全敞开，内封闭，有通往厨房、房间门若干，同为通风之用。全关上则无风，开一道门即形成流通，要多大风门就开多大，门成为调剂风量的"阀门"。门全开，反成在堂屋内绕流的微风。堂屋为通往各房间的公共空间，为家人、客人会聚之处，太凉太热均不佳，唯微风最合适。南面可一览大壁峨眉山色，亦见主人空间划分的良苦用心。此为"半风半景"，亦是余宅风立意的精华之处。三、全封闭的房间，只有窗户可通风，有窗门可关闭，外糊皮纸。盛夏若下榻此店，在"全风""半风"纳凉足够后，山区之夜暑气尽遁，进入房间酣睡一场，恰到好处。

风为雅物，亦是灾星。若按地形，实地筑台安全即可。然取其一部分伸出作为廊，凌空而翔，风感凉意大增。这就紧扣了地形、地名、气候特点，给特定环境平添了特定气氛，给游人以舒适，又给游人带来求奇探险的心理满足。悬廊一作，兼顾了二者，多此一举，成全了风的立意。此作又为开章篇，整体而言，最为紧要。淳朴之气至为风雅，若无风为中心的周密构思，省事求便，不做风向风量的处理，游人到此，顿感风口浪尖，凄厉嚎啕，不迅急逃之夭夭

/⋀ 余宅的过廊

才怪，房主还做什么生意，真得喝西北风了。由此可见，"风建筑"犹如写一篇文章，立意是风，欲以风源转换成财源，以风为核心主题，展开层次清晰的石头与木头的论证。神游这般智慧与平凡的深邃，逻辑缜密的纯美，亦如在夏之酷暑中上了凉风岗，让人大感清爽痛快。

因水建宅筲箕槽

　　和凉风岗相距三四里的斜对面半山上，名筲箕槽朱麻岗，有一石绍华宅。此宅因水得宅，或因宅置水，姑不偏述。然二者相互依赖造成的水与宅的亲密关系，以及烘托出的人与自然的原始气氛，似乎委婉道出一个民族的古老信仰。宅主崇尚自然，并使建筑与自然融为一体，以此为乐，枕其终身，以情赋之，以理度之，并把这种"天人"关系推向高于一切、二者须臾不能分离的境界，而胆敢在选址和布局上犯忌犯难，归功于顺其自然的最高宗旨。

　　宅主78岁，言宅不过100多年历史，在民国十五年（1926年）大修过一

峨眉山筲箕槽石宅

次。先辈就为"一股水"在此建房，世代相袭，几次欲搬家平坝，皆因泉水之便、情感太笃而不忍舍去。峨眉多雨，平地冒出几股泉水者不乏其地，石家何以敢冒屋后渗水风水术相宅大忌，在此垒石兴宅呢？宅主有几点理由是让人信服的：一、泉源高远，泉路长，水质自然清洁甘洌。石宅在半山腰，后半山缓缓斜上可上溯三五里。坡面丰茂林草覆盖，能渗透进地表下的水，极易涵留，且细水长流。若大雨倾下，多余者从地表上流走，泉水无时多时少、时清时浊变化。二、此地为碎石与沙泥结构地况，下无巨石底盘，水不是从其间渗出。这恰如一大过滤设备，且不太可能造成顺层滑坡和其他性质的泥石流灾难。历史上亦无此先例。三、这里可减少挑水时间和劳动强度，这个账一辈子总的算来是惊人的。四、如果说靠泉太近，又引泉入室造成了潮湿之弊，如此则带来了筑基、朝向、平面等系列变化，迎来了顺河风，取得了高燥之利。五、水缸层层排列，常年装满水，除起再过滤作用外，亦是良好的消防水池。以上诸般便利，自然就带来了传统空间组合与功能上的变化。

首先是常用水之地，诸如厨房、牲畜等地被统归于该区域，并着实地，以便利水的进与出，尽量缩短水路进屋距离，将笕槽置于室外，尽可能避免潮湿之害。于是，人们在平面划分上把一家包括已分家的子女的厨房统置于近水的几间平房之内，一间两灶，相互紧临，显示出家族繁盛的热闹气派。一间厨房正处在中轴线上，等于取消了原本该供香火的堂屋。家无神位，数典忘宗，犯了礼教大忌，亦搅乱了四川分家立灶免生口舌的民俗。然而相比自然法则的神圣崇高和生存环境的现实，人们只有视而不见了。其次是牲畜区域一律在实地的下一台面布置，猪牛羊鸡，统而有分于一大空间，并有笕水引渡入圈冲洗，一切井然有序，清洁卫生。再次，因为失去香火堂屋，尊卑无据，"灶神菩萨"反居其上。众口都以利于生产生活和身体健康为准则，房间寝室、储粮藏种全在楼上或有地楼的空间，亦反映了国人随遇而安、变化有据的灵活生存态度和优美的世界观。

以上三种各得其所的空间变化及功能归属皆因泉水之利引起。至于旁属的具体做法，诸如泉眼高于基面，以各水缸高度为基本点，分笕槽若干联结泉眼层层迭落，还为设置水缸划分出专用空间，并为漏水废水辟出畅流斜沟等，都妥为细致地得以完善。石宅最后还特意在大路旁设置了一笕槽，供过路人洗用。

仰韶公社时，先人们就居于河谷两岸。《三国志·魏书·乌丸鲜卑东夷传》记载："随山谷以为居，食涧水。"至唐宋，从东北到西南，"俗重山川""因谷为寨"，建筑显然都离不开涧水。以竹木为笕为槽，必然是祖先的遗制。四川新津出土的汉画像砖，其中就有利用竹笕引井盐渡山越涧至盐锅内煎熬的图像。近有争论说，小三峡大宁河半岩上的石方孔，并非为栈道而凿，而是如上叙述，专为架设渡盐水的笕槽之用。闵叙《粤述》称之为竹筒引泉："竹筒分泉，最是佳事，土人往往能此，而南丹锡厂统用此法。以竹空其中，百十相接，蓦溪越涧，虽三四十里，皆可引流。杜子美《信行远修水筒》诗云：'云端水筒坼，林表山石碎。触热藉子修，通流与厨会。往来四十里，荒险崖谷大。'盖竹筒延蔓，自山而下，缠接之处，少有线隙，则泄而无力。又其势既长，必有楷阁，或架以竿，或垫以石。读此六句，可谓曲状其妙矣。又《示獠奴阿段》云：'竹竿袅袅细泉分'，远而望之，众筒分交，有如乱绳；然不目睹，难悉其事之巧也。"竹笕引水之妙被闵叙描绘得绘声绘色。虽然现代城镇用上了自来水，但在山区，譬如四川盆地周围和南方山区，此制仍广为使用。由此而引起建筑变化，与前述风对建筑的影响同出一辙。虽一是有形，一是无形，然情与理则是完全一致的。若我们深入下去，就可发现自然之利弊于建筑，某种程度上平衡的力量仍握在人的手中。提取凉风岗、朱麻岗"风"与"水"两家的创造心理及举动，无非是为了挖掘蕴含在群众中的古老创作意识和经验。于此民间建筑迅猛地消失，已寥若晨星之时，确使我们看到人民如何在开始时能动地创造在观念中的建筑活动。在这一自然现象引起的活动中，首先是他们对于生活的感受和处理的统一，是他们长期反复认识生活的结果，是他们经历了种种生活斗争与磨炼，积累了丰富的间接与直接的生活经验，有着一个从感性到理性的长期认识过程，而这一过程是和大师们相同的。不同的是大师们力求以相应的空间形式回答他们所生活的时代向建筑创作提出的重大问题，以及由此而进行长期艰苦的思考探索和实践，并在头脑里进行苦恼而愉快的斗争。这就使我们看到越是大师，越是不满足于对生活的一知半解，越是孜孜不倦地追求生活经验的丰富和广阔，如同其他创作领域里的大师们一样，无一例外地不对生活采取轻率的或浅尝辄止的态度。

巴蜀方言悟出的建筑情理

　　峨眉山大峨寺下玉液泉边有一农民个体商户，其建筑风姿绰约，依势就形，表达通畅，顺之天成，使人久久不能忘怀。它虽然平淡、简单，没有摄魂勾魄的魅力，但那恬淡、天真、质朴所刻画出来的谐趣、意趣和情趣，使人感到像欧阳修在《书梅圣俞稿后》中所说的"陶畅酣适，不知手足之将鼓舞也"一样。笔者有些情不自禁，实在是不吐不快。

　　此建筑取名真泉旅舍，因一眼泉水从室内上山出口处左侧冒出而得名。它立在半山上，横山道路穿堂而过，有一名为"万福桥"的石桥连接着道路和堂口，潺潺山溪从桥下匆匆流过。一时，道路、桥头、屋檐、堂口、门槛汇在一起，你即我，我即你，难以分清。稍一定神，眼前忽闪出一块小天地，被一直角形美人靠拦住，原来自己已进入别人的家了。正在惊疑之中，一农妇笑脸迎出，喊坐端茶。大木厚桌，粗凳宽椅，松烟楠雾，野菜红椒，被山风、泉声、笑语、厨味所缭绕。人们说建筑是凝固的音乐，此时此刻这些民歌小调的音符风聚云汇，情韵悠长，众音齐奏，意味无穷，一切如"凝固"之解散。人似乎觉得通灵感物，万物皆化，一梁一柱极有情致，正如孔子所感叹"不图为乐之至于斯也"！好不容易从"凝固"中解脱出来，理性看周遭：这原是一户五位一体的穿斗民居，内设有饭店、茶肆、商店、旅舍。主人住在里面，一楼一底。所有朝山客都得从楼下通过，阴晴雨雾、四时寒暑，人进来便感到一阵温馨之气，流连其间，依依不舍。由此想来，造房主人是用了一番心思的。建筑能挽留匆匆过客片刻，接着诱之用茶用饭，甚至小住一晚，这是很有趣味的一件事。笔者联想到四川方言中的有些谐说，试在本文中做一二探究。

回水沱

江河流到地形凹进去的地方，形成水湾，江面忽然开阔起来。那里往往水流平缓，风平浪微，是建立港口的理想地方。如重庆长江边的唐家沱、北碚嘉陵江边的毛背沱。这便是人们常说的"回水沱"，这里船舶如云，商贾盘旋，百事兴旺，往往形成集镇或城市。

道路犹如河床，人流似水流。到道路稍为宽绰的地方（山区尤其如此），人就在那里设法配置物件，让人缓行，给人流以缓冲。窄河行舟，络绎相属，让人缺乏安全感。一旦得一宽裕之域，船主降帆收桨，求得喘息和依托。舟车在行驶中即能择地礼让，以求大家相安。弃车船而悟，亦能设身处地，求得彼此无事。这种"德""礼"交融大约要追溯到殷周时代了。殷人提出"德"这个维护统治的中心骨干思想，主要是强调内心要有修养，做事适宜，相互过得去，无愧于心。那么"礼"呢？"礼"则是一种行为规范了。也就是说，要达到作为规范的"礼"的目的，就必须要有很好的"德"的修养作为前提。反之，如果要完成"德"的修养，就必须有"礼"来作为规范。两者作用不同，相辅相成。几千年下来，这种"德""礼"思想渗透进每一个角落，渗透进衣食住行。这是中华思想极其宝贵的精神财富。由此看来，狭河窄道行舟走人，难以兼容，故得宽河富道相互礼让，则实为国民美德之延续。

如果此路为人流的常兴之道，人要吃住休息以壮行程、避风雨、淡劳累、美情绪，于是略宽者置凳，稍宽者搭棚，较宽者造房，大宽者集镇，不亦乐乎，均设其物件于回旋余地大的地方，这便成了人流的回水沱。

你看，漂木浮材、大鱼小虾都汇集到回水沱里，难怪四川有一句偏爱家乡的说法，"××是个回水沱，浪子百年始回来"。我想，人们把那些没有河海的城市叫码头和海关，也恐怕是此理吧。

真泉旅舍引人流入室内，纳"德""礼"于咫尺。不做一条黑巷子让人穿过，不断其通道让人绕道，却巧妙地利用回水沱这一特点，既开拓了空间，容纳了空间，更有机地连接起室内外空间。里里外外通融一体，人进得屋来，感觉宽松中弥漫着共享气氛，主客意识明显地跨时间地在室内外得到交融。这里无丝毫强加于人之感，犹如无声之絮语，有娓娓叙来之真情真意。即使无人接待应酬，背后也似乎有一张笑容可掬的热情之脸。进而，你会如流水回旋于室内，濒临美人靠四下顾盼，流连于峨眉山的山峦白云间，神驰于物我两忘的诗情画意的美妙境界。

如果没有建筑的如此构思，能烘托出如此自然而纯真的意境吗？我想起车尔尼雪夫斯基说过的一句话，"最好的蜜是从蜂巢里自动流出来的"，细嚼起来真是乐趣无穷。

由是回水沱这种潜意识牵动着人们的行为动机，使人们展开了想象的翅膀。那些人流汹涌又无回水沱的地方，能否也像桥连接着路一样，把路变宽，变成人为的回水沱呢？当然，历史早就是如此了，比如峨眉山的凉风岗和其他一些山道旁的民居，以及现代立交桥的设计。有的干脆就断水盖房，于是就成了"吊脚楼"。

挡道卖

四川方言"挡道卖"，意指经商者霸气，也就是霸道。它违背公意，破坏惯例，践踏风尚，置众多商家于不顾，我行我素，独霸人流集中的岸口，含有贬义，故有"好狗不挡大路"之骂，实为民风所不容、世俗所讥。这大概是霸道其中一层的原始意义。

任何事物，都含有积极和消极两个因素。消极因素诱导有时会向积极方面转化。从现象上看来，"挡道卖"似乎是一种霸气，一种蛮横之气。然而真泉旅舍以建筑为中介，化消极因素为积极因素，利用"挡道卖"的商业优势，巧妙地在建筑上避开了人们心理上对霸道的厌恶情绪，不仅霸气全无，还收到了妙趣横生的谐趣、意趣、情趣多种效果。它亦如国画大师潘天寿先生的构图：一巨石塞满画幅，初看霸悍遮天，"凶气"逼人，然待稍加注视，你就觉得山花野草、瘦竹铁梅疏通其间，参差有致，错落天成，回首再看则惊呼："霸道！霸道！奇险！奇险！"潘先生的作品一反诸平庸、四平八稳的构图，而成为近现代中国画诸家之典范。真泉旅舍以建筑诠释霸道，取其对原始含义的疏导作解，潘先生以绘画扬其霸道的独到手法，取其对一种极端的精神境界来解，两者构成了同一趣味的审美境界，殊途同归也。

那么，真泉旅舍是如何利用"挡道卖"的商业优势，化霸道为通道的呢？在这里，让我们设身处地以房主的身份，以彼时彼地的心理在造房构思上做一些反思如何？

一、封闭山道两边立面，让人绕道而行。二、切断回水沱和通道的联系，留一条黑巷子。三、在黑巷子里开门引人入"回水沱"。四、封闭一端的一道门，让人吃饱喝足再绕道而行。事实上，以上诸点都含有霸道遗风，不是不让人行，就是让人行得不愉快，或干脆拒人于门外，或赶别人快走。心术之内核，乃是霸意昭昭。然房主人深刻洞悉，房子是横骑在千百万人长流不衰的大道上，稍有疏忽便会招来社会谴责。因此，熔公理和良愿于一炉，疏霸道和挡道卖于一体，房子收到了"挡"而不"霸"，"阻"而不"塞"的空间效果，再加上巧以环境联系，配以屋内物件疏通，形成共享气氛通融，主人待客笑脸真诚，如此情理，何来愤愤然于建筑之霸道。人的情绪淡化的结果，往往形成一种静谧、优美、谐调、轻松的氛围。这时候，你的思绪多是发现而不是挑剔，多是美的动情而不是邪恶的泛起。随之而升华的人类最根本也是最美丽的灵魂重新得到回味和肯定……我想建筑之所以为艺术之本，大概也有此理吧，哪怕它是最原始的、最土风的艺术，哪怕它是茅草窝棚、黑瓦粉墙。

由此，人的归宿意识通过对建筑的体验和审美得以召唤。于是人类就在若干的建筑活动中进行更多形式的探索和拓展。就其"挡"而不"霸"的利用和创造这一点来说，建筑历史实践已渗透进了各种功能的空间构造。比如寺庙的庙门、过街楼、风雨桥、城门洞等，它们都和真泉旅舍有异曲同工之处。更有甚者覆盖着一条街，诸如成都商业场、重庆群林市场。当然，那又是从"静"的空间形式向"闹"的空间形式追求的，更加符合现代人意识的一种必然结果。可以预见，这些空间组合形式，随着传统商业区的难以转移和用地等诸多限制，以及经济活动的日趋繁荣，将会得到一定程度的发展。

斜开门

　　建筑和其他艺术语言一样，贵在含蓄、隐喻，贵在有意无意之中引君入室，而又使人毫无思想负担。如能有芳醉慢慢袭来则更当上乘了，此时此刻，人倘若露天行走爬山，感觉空旷有余，遮掩不足，心里定然有暂时求得庇荫的要求。忽然见道路伸进一户人家，人高兴之中顿生疑窦，定然也有想进去看看和为什么路会伸进人家里去了的想法和疑问。但是，任何人都怕担上"私闯民宅"的嫌疑。然而真泉旅舍却以若干极为真挚、朴实、简略的"符号"告诉你："大可不必迟疑，请君入室休息。"

　　在众多"符号"中，有一处是不太惹人注意的。它含蓄中隐潜着谦恭，这便是桥当头门口的斜立面。此为上山的必由之路，也是旅舍的家门。"门"而无门，已构成公共通道的入口。进出口一样的宽窄尺度本已足够应付游人的出入，主人却费了一番心计，开了一个半边八字门。这就大为宽松了游人心理，又改变了通道的"公共"形体和形象，更融通道、回水沱于一体。而且此门巧作更顺乎水流之潜意识，人流之习惯，人如游鱼顺流而行却被"挡"入饭厅空间而回旋，不自觉地就会被美人靠俘虏。上山本来就累，人得此惬意环境，意志稍有懈怠便会持有"多坐一会儿"之心理。主人如趁机笑脸恭迎，施展生意术，那么人是愿意在极为融洽的气氛中进行合作的。这里不能说一点儿也没有建筑上的作用，更不能说没有建筑上巧妙构思和建筑心理上的作用，这半边八字斜开门除了以上缘由，我想其微妙之理是否还有人的纵横观念在作祟呢？

　　人的思维总是有一点儿惰性的，顺其天然而思之，则轻松、舒服，不费多少脑筋。若思维受到阻碍，前面横着一道难题，那么和通畅之道在思维和行为上反映比较起来，显然要费周折得多。比如，前面一道横栏或乱石挡住去路，你至少是要择机三思，或跨越，或屈身，或绕道，或颠覆，或兼而有之，或取其一二而就。麻烦中蕴含着风险，不过去又不行，于是厌恶心理产生，思维变得沉重，行为负担增加。虽越过障碍而舒畅，脑海里却留下阴影，这是"横"所带来的不足。相反，若前面坦荡如砥，无丝毫阻碍，一纵百里，这种情况往往使人思维空白，径直朝前走便是，思维惰性到了极致，也觉得轻松得过于平淡。

传统思想意识在对待事物的认识上，总是不在事物发展的两极上做过多探究。而理性认识的核心是自圆其说，这里我不敢侈谈"中庸"二字，至少，不横不纵是中庸的旁枝斜出。我们从斜八字门窥见这一传统意识，仍能有这样强劲的感受，并在这局部构造上得到恰当的表达。我们看，门的斜立面朝通道稍微"阻"了一下，但并没有"塞"，反倒起了导"流"的作用。这作用完全是在不横着阻死通道又给通道平添一点儿乐趣的意识上产生的。而这种意识又是人们共有的意识。相同意识在这山道旁碰在一起，何有矛盾相生呢？又怎会不情投意合呢？所谓心灵的共鸣大概就是如此。我想纵横意识被主人用得巧妙了，人们的中庸思想得到满足了，笔者也以同一思想去审美了。同一事物使人们达到同一审美境界，往往就物我两忘，通灵感物。所以，此刻人又容易产生审美客体完美到瑕点都是美玉的偏执（此点祈留在今后讨论）。

真泉旅舍一看就是一个颇具有社会与人生经验的主人所创。他深刻洞悉其中微妙情理，于是在门口接桥头的处理上，把人的习惯尺度感纳入情理考虑，即退一根柱子进室内，使临近桥头左侧的一柱和它联结成伴，共同组成斜立面，这就使门口和桥面宽度变得一致。它似乎使室内空间紧缩了一点儿，却恰是如此使室内空间变得自然而不呆板。不仅如此，这一处理还产生了以下几点趣味：一是由于门口桥面宽度一样，桥上行人安全感加强，"横"挡着大路和窄门口的感觉荡然无存。二是斜立面拓宽了视觉面和采光面，开在斜立面上半部分的商店里的五颜六色，在人未进入室内时就得到了反馈。

总之，四川方言里有十分丰富和幽默的词用在对于诸种事物的表述上，我们取其一二作为楔子来欣赏和剖析一间民居，是一种研究趣味的尝试，也是试图破一破学究气研究的艰深。显然笔者是力不从心的，不过，可以把这当成摆龙门阵，当成人们茶余饭后的消遣。若果真达到那一步的话，建筑作为科学和艺术就真正到了辉煌的时候。

枕水而居的美梦

肖宅的美，在于山区农民朴素的商业意识和由此支配的选址建宅动机，以及因此产生的简朴小巧的建筑形象。

肖宅靠峨眉河岸，岸上一条古老水渠和山道平行，此道为过去香客必经之路。清末，宅主考虑要把客人吸引到此处来吃住，于是一是利用水量丰满、水质甘洌的渠水流动欢畅之美，二是在渠水上建一个别致优雅的小楼，以附庸临水之趣。名山圣寺旁、山林河谷间的民居，受寺庙建筑、文人香客，以及从形到神、从意识到动机诸多方面的影响，因此，建造房屋时，宅主下意识地在选址择地、局部构作、空间用途、造型等方面都尽其所能地与之呼应，但又不能将之建成寺庙，于是我们看到了这可爱的山野之居。

如果说这是一般山里农户之宅，但这里无耕地，况且不必跨水而居，更没有必要修个留宿客人的小阁楼，因为这会给贫困之地增加经济负担。如果说它是出于文人之手，那他绝不会把一渠美丽透明的清水全藏于屋下，让其从地下横流而过，除了流水声，一点儿也见不到她的倩影。然而，下意识的朴实幼稚的文化理解终使肖家把旅栈、餐饮、住宅多位一体的建筑立起来，并使其在苍翠林木簇拥下，显得风姿绰约，也足以给人迷人的遐想。

八 黄湾肖宅

静谧的山间别墅

　　徐宅位于峨眉山万年寺下的山道旁，是一舒适静雅的山野之居。宅主言宅建于清末民初，先辈素以采药、经营花草兼务农业为生，生活小康又多钟情自然的情趣，因此在山野间的一块小台地上，建了一座别墅似的小院。

　　小院成为四合院前套了一个三合院形制。长长的出檐，在内庭围了一圈宽大的回廊。沿四合院两侧出外经三合院，檐廊适成楼廊，绕厢房三面并加附栏杆。在下柱头支撑而悬空高置，正是山区躲避潮湿的吊脚楼做法。两个天井内垒石、引水、植草、栽花，一派世外桃源乐融融的景象。

　　还有那西侧的小天井内，同样摆满了各式造型的盆景，尤以兰草为最，幽香直逼人的肺腑。旁边一个楚楚动人的阁楼，楼廊三面围着小房间，恰好放一张单人床、一张书桌。由此可遥望峨眉山色，聆听阵阵松涛，俯瞰庭院景观，放眼苍茫林海。

八八　徐宅书楼

小院犹如文人学士隐居之巢，竟是如此文风拂面，充满诗情画意。 如此高尚大雅之作竟然出自农家之手，足见我中华民族对文化的崇尚和景仰，亦足见宅主自身文化素质涵养底蕴之深厚。小院变化生动而又清晰明了，使得人的思想毫无负担，简明畅达中唯见高低里寻求错落，实在是四川民居中一首别致的山野小诗。

徐宅小院

书香之家的大胆之作

　　仁寿县文宫镇上街冯子舟宅建于清中叶，是一处饶有风趣的小镇民居。冯是当代画坛巨匠石鲁和四川美院教授冯健吾的三叔。冯家为当地望族，但境界开阔，其造作大胆，仅从住宅小构一处，就可洞窥冯家对旧习的叛逆。

　　冯宅临街而居，择地选址自然受局限。要在有限的空间内给家中的姑娘小姐做出恰当安排，显然是颇费心思的。然而，冯家做出了一个惊人的选择，把小姐楼横骑在中轴线上，并在楼下形成门洞似的过廊。人由此入正房、堂屋，形同自小姐身下入。在封建社会男尊女卑的秩序下，这种做法不仅亵渎了家人，亦辱犯了社会，还践踏了中轴线的神圣，因为只有祭祀天地祖宗的香火方可置于中轴线上。由此可以看出冯家最初的民主意识。不过，因小姐楼摆在院子的中心，据此冯家又可说，把小姐楼置于众目睽睽之中更加维护了封建道德的规范。从中我们又可领略到冯家办事的策略。

　　小姐楼居高临下、视野宽阔，房间虽小，但窗明几净。里面摆一张单人床、一个梳妆台、一把椅子、一张小桌，这正是很多女子少女时期求而不得的多梦天地。它虽为小作，却内含宏义，仍叫人叹为观止，回肠荡气。

八 临街而建的冯宅

隐居蜀中桃花园

任何一类建筑的产生都有其发生和发展的过程。建筑是由人这样的主体，思想之后而形成的物质空间，而人的文化层次又决定着建筑的品位和文化内涵。无论你的建筑在何处，即使在深山，也是明珠。刘致平先生于20世纪40年代以中国营造学社学人身份考察四川住宅时，经彭山江口得陈家花园一例，判评道："山居……别墅……有山石林泉乐趣……庄园……早年花园类型，很可贵的实例。"刘先生所展开的模式，给我们分析陈家花园的形成提供了主人思想探索的空间背景。

陈家花园主人陈希虞先生是早年推翻清朝在四川的统治的斗士，川中革命元老张秀熟评价他"……不仅是辛亥革命党人的先驱，也是反袁的斗士"。像这样一个革命党人何以不周旋于官场，反而回旋于山野呢？究其思想根源，恐要上推至以孔子为主的诸子百家的传统思想影响，下推至留学日本又受到西方文明的熏染。陈先生是一个中西思想并存的复杂体，同时又是封建时代末期，新文化运动方兴未艾的特殊历史时代，中国知识分子普遍的矛盾心态和行为的一类典型。他的思想涵括了传统思想中以"仁"为核心的方方面面，诸如恕、礼、智、勇、恭、宽、信、敏、惠等，又掺杂着民主、民权、民生的朴素追求。这可以从陈先生生前的言行中窥见一斑。

陈先生早年就读于日本早稻田大学，与孙中山、黄兴交往甚密，并参加同盟会；回国后在彭山举起反清义旗，宣告彭山独立。暗杀宋教仁案起，他率师生游行，守护灵堂。这样反封建拥共和的急先锋，又拒绝孙中山邀其到南方政府做官的盛情，后来更是辞去在成都做的公职、官衔，索性退避深山，"不求闻达于诸侯"，被视为"川中八怪"之一。这和他厌恶"二刘之战"，书赠刘文辉"两军混战，生灵涂炭"八个字的护民安境，憎恨腐败，不违心去做有损人格的良心禀性同出一脉，显示出其进步思想和气度。隐退山林后，他杜绝车马，躬耕读书，敷衍到山庄谒拜权势者，并谓之俗客，常有嘲弄奚落趣事迭出。他将师生、邻里、学友、脚夫视为知己，谈笑风生，厚礼相待，透溢出生气勃勃的人生朝气，洋溢着朴素的民主情调，以及与民同伍、与民同乐的"大同"意识。他退居农村回到人民之中，以大自然为依托，自营隐士氛围，模拟陶渊明"心远地自偏""采菊东篱下，悠然见南山"的时空境界，更把六朝文士孔稚圭视为偶像，推崇其《北山移文》中的思想："夫以耿介拔俗之标，潇洒出尘之想，度白雪以方洁，干青云而直上，吾方知之矣。"这是一个现代隐士的形象，一种偏安一隅的心境。以上为叙述陈先生的言行，再来检索其中对应孔子"仁"的思想诸点，发现有诸多相似之处。不过，上述陈先生"退"的行为似乎和儒家主张的"进""入世"有矛盾。其实中国哲学的不系统性，正是诸家观点并存兼容的矛盾统一体。以退为进，无为而寓大为，不独是道家才有的哲学。因此，本质上陈先生仍是儒家思想支配着心态言行。当然，这和官场失意，被动到山林野居者，削发而隐为僧者有极大的区别，是一种主动的遁世行为。与其说"羁鸟恋旧林"，不如说不为五斗米折腰，其行为之因，隐含了其对现实社会的不满，力图通过对《归园田居》的思想寄托，解脱人生烦恼。这恐怕是那个时代很大一部分知识分子的真实心境。于是我们将陈家花园草木繁盛的气象和颓唐消极的封建时代文人墨客私家园林的封闭脆弱格局进行比较，发现前者属动态欢畅的情调，后者是苍白凝滞之格局。人民若观之，则感前者亲切，后者隔膜，亲疏之野，界限俨然。自然，这就产生了陈家花园的格局，既有景观布置、绿化内容诸方面的大众性，又有作为园林的最初性和原始性。

刘致平教授谈山有这样一段话很值得玩味：平坦的山腰里，在那里筑有三合头房一所，背着山峰，面向山峦，周围种些奇花异树，正房露向天井之间，带前廊，左右耳房满贮图书，是陈先生读书的地方，开窗见山，景致极幽，宅是民国初年建的。工料还不差，仅是木柱纤细，步架窄小是清末制度。山上空地常种些果树，蔬菜……而陈先生四子陈全信也在《陈家花园及其主人》文章中谈道：花园中"寿泉山庄""三友精舍"均系普通三合头民居，格局、装修与农舍毫无二致，"步架窄小，木柱纤细"。然陈先生藏书于此，周围"奇花异草，果树蔬菜"，自寻农家乐情趣。严格说来此宅并无园林、花园意义，仅是川中极为平常的农家而已，充其量赋予了两农舍各一雅号。但是作为完善两农舍之间约长 300 米的大片空地的内容，作为加强花园构思中两宅骨干建筑的联系，它则在内容上产生了星聚楼、花架、龙门、荷塘、柳堤、桥、碑、佛姥台、网球场等精神价值大于使用价值或两者殊为平衡的空间。这里面没有一般园林的故意盘曲迂回，一切因地制宜，毫不拘泥，以自然雅洁为宗旨，尤其是在花园里开辟了一个网球场，仿佛有些不伦不类，但恰如此点出了主人身份和文化层次，以及一般不易被人察觉的 20 世纪二三十年代巴蜀风中的"舶来味"。总体而言，花园格局兼容了古典遗制中的中轴仪轨、佛教内容，精心安排中亦可窥见过去瞬息万变政局中宅主一种彷徨苦闷的空虚，一种苦恼解脱法。就特定人物而言，虽有百般之法，然陈先生选择了"归去来兮"之法。走向民间，回归大自然，在那里建立一切统归于自由的净土，他自然就趋向布衣生活，参禅事佛，回归到农业文明的精神乐土中了。于是我们从这种文明的鼻祖孔子那里找到了陈先生的思想根源，只不过陈先生是一个受过西方文明熏陶的农业文明的忠诚者。刘致平教授从建筑学的角度说它是"早年花园类型之二"，则在时间上进一步地诠释了这种影响，亦是准确的见解。

四川园林为中国四大园林之一，它的成熟为世所共识。四川各园林均有独到个性，尤其是川西文人园林，把园林艺术推向很高的境界。其特征是飘逸潇洒、不拘成法、对比跌宕、天人合一。陈家花园虽无金碧的楼阁亭榭，雅致的假山桥栏，然比较上述特征则处处皆有，只是依稀朦胧，似是而非。民居中隐蔽着奇花异草，菜园果林中分散着楼台花架，加之造型随意到极致，空间形体无声张地悄然与自然谐处。这正是川西园林起始之初。今观青城山和峨眉山伏虎寺前的山门牌楼布置，以及广大农村过去桥头、山梁大树下，点缀一两茅亭、三五块石桌，两者内涵何其相似，何其异曲同工。因此，陈家花园又具有反映川人诙谐的侧面。若有心人辗转巴蜀农舍青山绿水之间，洞悉其荷塘、竹林、杂树、篱笆之侧，种花爱草，修路搭桥，会发现其面貌不独陈家才有，张家李家皆然。唯此地盘宽，才有雅号之亭阁、佛台和网球场之类。若除去这般，岂不彻底农舍而已？它实在是和官贾私家园林之奢华不可同日而语，真正大手笔也。弥足珍贵者尤优于此。

园林起源于"囿""苑"，古时亦称菜园或动物饲养场。《大戴礼记·夏小正》云"囿有见韭"，"有墙曰囿"，囿、园、圃、苑多有相通之处，常在见解中互补而用。所以说园子里栽了花草之类，民间称花园，自有闲趣逸情之谓。深究者辟园做建筑、做山水，把花园概念扩而大之。说花园太遥远而小气，园林之称油然而生，不过是囿、园的深化。陈家花园里种了大片的蔬菜果林，刘致平教授说："生产相当可观。"足见古风弥漫，有文化的农人家园是也。囿四周还有垣篱，陈家花园仅是房舍边有象征性篱笆通体与山野连成一片，和现代园林大左其趣。这里满是人间烟火，鸡犬之声相闻。而商贾富豪、政客骚人私园，清闲静止，四周高墙，神秘莫测，首先防的是人民。若用中国画的手法比较，一个是大写意，一个是工笔画。工笔虽精微极致，也不乏妙趣横生之处，但少淋漓痛快，一吐心中块垒的气势，而以娓娓之声，慢慢叙来。太精雕细刻之笔，多有使人受不了的弯酸，里面隐藏着显富、炫耀权势的浊笔。若在园里种些蔬菜之类，岂不有布衣之嫌，那该是多丢人现眼的事。所以，陈先生治园，纳此时此地心境与背景于一境，包括了阅历、秉性素养在内，大笔挥挥，恣意放纵，恰如写意。而园中置网球场，这又和20世纪二三十年代，留洋回来的知识分子中，有的在修房子建屋的装饰上，搬弄西方建筑几何形泥塑、雕刻于建筑细部有异曲同工之妙。有人称之为"殖民"味道，谓之"殖民建筑"。但我们不可把网球场体育设施和上述同理而证，因为它在文化气息上，仅如中国画中加入了西洋画的点染，给人的总体感受仍是传统的、中国情调的。儒学是一种研究人的学问，对于我们当前的时代仍是有意义和价值的。它"天人合一"的思想是顺应和谐及人与自然关系的沟通，也是它的人文主义哲学与天道哲学的沟通。其精神实质是认可人的天性中，有诸多善良而美好的观念。诸如前述的礼、智、勇、恭、宽等，这些老古董中的文化精华正是商业社会所必需的。在物欲横流的世界中，通过陈家花园物与人的观照，其反映的以仁学思想为核心的内涵，以及儒家的精神，尤其在自然生态严重破坏的景况下，显得特别具有积极意义。儒家的这种积极因素，对于人类如何应对后现代社会的挑战，弥补西方思想的局限，具有超越民族界限的作用和意义。

名人故居文化构想

前　言

名人既是历史、社会现象，同时又是文化现象。有的人之所以成为名人，是因为他们在社会变革中起着比一般人更大的作用。其作用的产生，除政治、军事、经济、社会、教育、家庭等诸多原因外，其居住地域，以及当地地形地貌、气候特点、四时环境、位置方位、空间气氛等，也无可辩驳地对其生理、心理起着重大影响。本文探讨的名人故居，大多指名人出生与成长，即青少年时期的居住空间与场合，以及周围的自然、社会、建筑、环境。它是建筑文化中特殊的民居文化领域，本文亦是从名人故居及环境角度，对其青少年时期的成长做些肤浅讨论，自然是只言片语。

笔者以 3 年时间，车行万里之遥，徒步千里之途，纵横四川盆地东西南北，涉及 100 多市县，对曾在或正在近现代中国历史、社会变革中产生不同程度影响的四川籍名人的故居、故里，做了粗略考察。笔者遍访名人亲朋好友、乡人邻里，查阅图文资料，拍摄故居建筑，得 100 实例。名人中包括国共两党党、政、军代表人物，以及清末以来各方面的代表人物。诚然，笔者不可能面面俱到，但自认为基本上表达了普遍性和典型性。

名人故居概念

故居之"故",《辞海》诠释为：一、从前，本来。二、久，旧。《管子·四时》："开久坟，发故屋，辟故窌，以假贷。"说的是旧时之意，也有人死去物随之也故之意。综上所述，故居之故包含了过去旧时（人还活着）的居所、人死后留下的居所，以及故乡留下的居所，即凡居住较长时间的居所都可言故居。不过似乎世人共识故居者，多系故土之居，即某人父辈之居及某人出生、成长之居。之所以如此，是因为其最为浓缩，纯化了故居之意。父母之乡，胎孕其处。成人之初，也最为人眷恋。它给人留下记忆，是产生最深刻影响的地方。所谓浪迹天涯，故土是居。巴蜀俚语"金窝银窝不如自家狗窝"，即是此意。这"地方"，系指"居"而言，即住宅之意。而之前，旧时之"故"，却不仅仅是过去的旧房子这个单薄的物质含义了，它蕴含了围绕旧房子与人的一切活动。旧房子如一块磁铁，形成磁场的物质形式、精神形式同它发生关系。那些在住宅里设置的碾房、石磨、碓窝、圈棚、厨灶等，在住宅里发生的故事，两者极难分开。不同的是空间与时间的存在形式。两者高度谐和营造出特有的氛围，即故居文化。这是任何故居都能产生的文化气象。而名人故居之不同，是故居和人的知名度相联系，提高了故居的知名度。人们凭借故居去寻觅、推测、意度，发现它和名人之间的关系，使这种文化得以延伸和发展。于是，故居文化，尤其名人故居文化被蒙上一层神秘而美丽的色彩。风水家倾其所能，诠其堪舆，阐其地理，然后推而广之。有的又从另外一些层面去神化、美化、污化。褒贬丛生，莫衷一是。恰如此，给故居文化的生存营积了肥沃土地。良莠之状，殊为正常，但是，我们不能不看到，故居既为名人之居，它就产生了特殊而不可取代的文化价值，内含自然与社会多学科的研究契机和审美品位，名越大，品位越高，则更多一层感化教育作用。若某故居有长远历史、独到建构、典型外观，若更为一方一宗建筑缩影，以及和环境谐和相属须臾不可两分者，则更加重了它在建筑层面的历史、建筑、审美价值。从某种意义上来说，故居属民居之列，民居为寺庙之祖，帝王将相供奉于寺庙之中，亦是供奉于特殊的民居之内。我们塑名人像，撰名人业绩，保存名人之故居，亦是造就一座"准寺庙"。封建时代尚可容纳正义昌达的贤人义神仁将，并大动土木，而现在我们崇尚名人，"爱人及屋"，用真、善、美的情感怀念为民族做过好事的人，实属良苦用心，民情所归。

儒文化纳释、道于一体，崇拜名贤英雄。发达的农业个体经济又造就了广泛的社会基础，必然导致宗族制度的高度集中，同时，亦带来以本姓名人为大荣的风气。这造成了神化名人的祠堂和故居在形式上并存的两位一体，当然也加重了一方一族仰仗一人的习弊。譬如，广安龙台寺之于杨森，大邑县安仁镇之于刘湘。但我们不能不看到，它同时也带来了祠堂与名人故居建筑的辉煌发展。总之一句话，中国社会人治的结果及人作为社会主体推动社会发展，强化了名人及故居在人的头脑中的地位。话又说回来，从领袖人物、文人墨客到庶民百姓，故居故乡是何等令人倾倒。李白、杜甫、毛泽东、朱德、鲁迅、郭沫若……古往今来纷乱错综的生存环境使人应接不暇，常将故乡和母亲同咏，歌颂其伟大与无私；或颂扬那少年的依恋与纯情，赞美故乡与母亲怀抱中诗情画意般的人生境界。这也使得故居文化充满了迷人色彩，道出故居之恋是人的一种基本情感。诚然，名人故居更是影响着一方一域的精神生活，有的人从普通人居所里成长为名人。那普通房子里为什么会走出名人呢？这似乎又给故居文化爱好者留下一块偌大的构想空间。

四川名人故居现状

笔者调研名人故居 100 人例，得不同存在状态故居面貌 90 例，做如下分类：甲，整旧如旧开放者 16 人 12 例。乙，维持原建筑基本格局与面貌者 16 人 14 例。丙，部分改头换面，仍存部分者 18 人 18 例。丁，残缺不全者 28 人 24 例。戊，荡然无存者 22 人 22 例。名人的知名度与名人地位有很大关系，但不是必然关系。江姐（江竹筠）、黄继光、邱少云均为百姓，照样誉满天下。拿这样的社会共识观点看名人故居现状：甲类名人故居得到了妥善保护，寓意有轻重缓急之分，这是无可非议的。这类故居主人除个别人外，都是享誉全国甚至全世界的大名人，非保护不可者得到了应有的保护，诚属高瞻远瞩者对故居文化的深层洞悉。尤其可喜的是中国的左拉、著名作家李劼人在成都郊外的故居"菱窠"得天时、地利、人和之便，先完善于众大家之先，开了一个好头。

那么，仰首巴金、沙汀、艾芜、何其芳、石鲁、阳翰笙、蒋兆和、张大千、江竹筠、黄继光等一代英杰故居的修缮复旧，但望能在指日之内。甲类故居基本上保持了旧时气氛，无论建筑与环境，人们身临其境，恍若名人就在眼前，极得教育认识之理，极获文化审美之趣。邓小平故居，一切如旧，如若其人，无丝毫雕凿之气，简朴之至，仅清扫干净而已，体现了一代大名人平凡而崇高的人生观。其他几位大名人的故居亦基本上按历史面貌复旧，不过有的处置尚需讨论。像朱德出生地李家湾之故居，原有一碉楼，颇具历史文化品位，已拆毁，是否有必要还其故居全貌？其一，若毁其部分尚可，那么再毁正堂之房、左侧厢房自然亦可，因朱德出生仅在右侧仓房而已，留之已足矣。其二，朱德故居是一整系列，其间无数棵大柏树于1992年被砍伐殆尽，故居环境景观秃然扫荡，故乡百姓怨声四起，有关部门该不该这样做？其三，朱德系客家移民后裔，在其柏林嘴父母住宅山后有一丁姓客家移民大院，朱家亦是丁姓佃客。此院较完整地保存了诸多客家土楼遗制，又融汇了若干川中民居特征，不仅作为朱德故居系列可佐证朱家之来历，亦可物鉴朱、丁二姓主仆关系，足可言故居文化纵横发展，此院又该当何论？凡此种种，无论故居文化、文物研究、旅游开发，甚至生态平衡，都是我们这些吃水人不能忘记挖井人而应予其以高度重视的。

在乙类名人故居中，尚有张爱萍、刘伯坚、卢德铭、刘仁、吴虞等人的故居，为数不多的建筑现状相对完整。因诸多原因，故居实质已岌岌可危。年辰久远的木构体系，稍遇天灾人祸，便无力抵御。

丙、丁、戊类故居（戊类只有"故土"了）情况更糟，亦不可列举详述。

名人故居文化

人一旦成为名人，他属于社会和人类的比重就会大大增加，其故居亦成为社会和人类全体不能以钱财而论的宝贵财富。它包含的物质与精神价值，某种程度上记述着一个民族、国家、区域等各方面的变化与发展，记述着历史与社会、科学与自然的进程。它是提炼时间与空间纯度的形态，是人类完善自身的独特诗篇，是建筑文化领域内的一朵芬芳鲜花，我们谓之故居文化，即在其基

/⋀ 陈毅故居透视

础上所展开的科学体验与认识，即故居、环境、人、社会之间的关系。因此，问题的关键必须又回到实例的综合认识上来。

96% 左右的四川人口来自外省，尤其是江南各省。形成于明末清初的移民运动，亦可说造就了大批移民后裔名人。他们的素质是否反映原祖籍的共性与个性，不是我们讨论的内容。然而，故居建筑是否带有祖居地的色彩和内涵却是应该深究的。如此，在特定的四川盆地内必须面对以下几种事实。一、地理环境与气候发生变化。二、"五方杂处"使原习俗趋于认同。三、土地分散导致原聚族而居转变成分家立灶（同时被宗祠、会馆、场镇的兴旺发达取代）。四、单家独房导致出现小农经济更薄弱贫困，而少部分人土地集中的矛盾状态。五、清以来四川较稳定，社会无须打造坚固的防御建筑体系。六、清以前四川以山寨作为主要传统防御手段，尚少将以家、家族为单位的防御建筑体系作为借鉴和延续的模式；等等。因此，大多四川名人，无论农村籍者还是城镇籍者，其故居和其他普通民居毫无二致，都是体量不大，规范的一字、曲尺、三合、

/八 邓小平故居

四合院形制，以及前店后宅的组合构成；且多为平房，材料就地采用，木泥石砖清一色小青瓦。不过，新文化运动伊始，西方风吹来中国，不中不西的所谓"殖民建筑"出现在巴蜀，且房主多为暴富的名人，诸如刘湘等人，但那些房子都不是他们的出生之居。另外在选址上，住宅显露出强烈的风水事实。凡故居建在清中叶以来者，房无论大小，多多少少蕴含风水诸要。原因一是江南移民原就居住在风水术最盛的湖北、湖南、江西、福建、广东等地，二是"易学在蜀"，巴蜀恰又是《易经》从理论到实践最为昌盛之地。所以，在风水术风靡的时代，作为普通老百姓的名人祖辈其建筑也就不会跳出普通的四川模式。个别仅是功能完备，开间多几间而已。像陈毅、聂荣臻、郭沫若故居，以及阳翰笙、丁佑君、杨森故居即如此。另外，赵世炎、赵君陶故居因紧临湖南，不少地方神似湖南民居。正因为如此，名人之初，多出生、成长于普通人家，经历普通建筑体验，自然易通感普通的世态，自身就在其中濡染自在情理。建筑伴其成长，岁岁时时相处，说一点无影响也无，无疑形同草木，上述恐算其一。

第二，四川农村住宅因自给自足状态，受"耕读为本"的传统思想影响，人们视劳动和读书为生活的两大支柱，多有在宅内外划有空间作为作坊、圈棚之类。像邓小平宅粉房，陈毅、赵世炎宅碾房，刘伯承宅外碾盘等，这无疑给他们的初期成长提供了劳其筋骨、强健体魄的场所，更不用说宅内外一年到头做不完的烦琐活儿了。有条件者还为孩子辟出房间做书房，一般多在正房光线充足的檐廊下设小凳小桌，用来读书写字。如此从室内到室外，由房内、檐廊、天井及室外串成的活动天地，丰富了住宅从封闭、半封闭到开敞的空间组合序列，亦同构了人的情感需求、生理行为，而更和大自然通融一致。农村之所以如此，就是小镇者因规模小，亦处在大自然前沿。此不是仅与自然相连，而是已在自然之中。哪一个人没有一段童年、少年时与自然痴狂的梦，何况名人。建筑材料的自然优美形态，泥土与植被生腥气息的弥漫，河流山峦的千变万化，使得传统民居处于某种动感状态。如此适成万物竞自由，宽松到极致的氛围。少年们在此环境中劳作、读书、成长，其无拘无束的自由追求，哺育了胆量的胚胎。故居如母体，给你爱又给你广阔的成长天地。这大概也是大城市少出名人的原因之一，尤其是在农业社会的制度下和环境中。

第三，四川名人故居多独家一隅，原因主要是200多年前移民入川以夫妻、弟兄、父子为单位形式者为众。史载尚少见一族者聚众迁徙之例。即使有，后来子孙繁衍形成家族，亦被四川"人大要分家"的民俗解体。独家而居的好处在于减少宗族内部摩擦和邻里牵制，不仅获得一个宁静空间，打造独立思考家庭以外社会问题的环境，还营建了以故居为核心、以家人为主体的心理场。通融一家老小，默契于眉宇之间，而这样的独立物质精神形态又不是封闭体。此次调研，发现故居在农村者，距最近有赶场期的集镇均不超出8公里。这是名人故居和中心集镇若即若离地理位置令人惊异之处。这个距离使获得信息便捷，居住者又不至于落入困惑杂乱的信息旋涡之中，而拥有"旁观者清"独立消化信息的时空一体的心理吐纳环境，因此，这是培养少年理智而不排斥创造思维活动的良好地理位置。

第四，故居方位。按理，在过去时代，故居选址均遵循风水相宅术诸要，但唯四川多雾多雨，阴湿潮润的特殊气候不能回避。任何建筑朝向带来生存质量下降，其理论不攻自垮。四川盆地除夏天光照充足外，其余季节多在阴霾多雾之

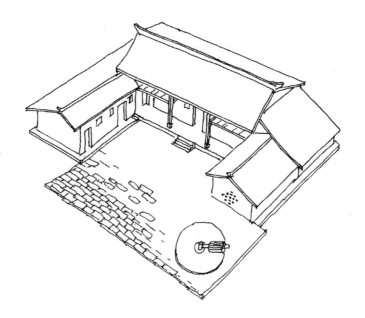

/∧ 刘伯承故居透视

/∧ 张爱萍故居透视

中。若有阳光透出已是日偏西方的午后，那么，住宅除西面可获得较大面积的光照外，其余三面多为阴影笼罩。虽然正面朝西多悖于相宅术要领，然而面对生存现实，人们只有顺其自然了。笔者于是发现四川住宅并不是不讲朝向，地形所致者无法讲之外，凡有条件者有很大比例向着西方，或"挂四角"朝西南，坐东北。名人故居中此朝向者比比皆是，它的好处是，在春、秋季，尤其是在冬季，太阳给庭院山野带来和煦金光的喜悦，是阳光充足之北方、沿海地区的人不易体会的。越临近傍晚，清晰度越好，细节虽不是一览无余，亦可在人的心理、生理上产生轻松愉快的情绪和舒适感。这造成强烈的情感反差，强化了人的人格与个性。现代思维科学研究表明，傍晚时分是人的思维最活跃、最敏捷的时候。此时若和其他朝向者比较，其人其物其境适成鲜明对比。因此，就多数名人故居朝西方位而论，朝西是促进少年心理、生理健康成长的好朝向。

第五，名人故居，尤其是甲类名人故居所处位置的地势。凡农村者都较高燥而空旷，或为台地山腰，或为平坝高出部分，故居正面或近或远都有矮山浅岭隔而不阻的地貌。故居居高临下，视野广阔深远，有大野在胸的大气之势，和山沟之宅人们出门抬头望天的畏缩实在是天壤之别的人生境界。刘伯承故居下赵家坝旷原流河、阡陌纵横，罗瑞卿故居前嘉陵江浩荡东去，何其芳故居前梯田层层向下延展……还有邓小平、朱德、孙炳文、李大章、杨森、王朝闻等人的故居，这种地势排水便当，不积不淤。室内干燥，且气流可达，阻而有疏，带来了建筑材料的不易腐败，更使室内各空间保持和室外空气一样的纯度。此对正处于生理、心理发育阶段的少年而言至为重要，也给名人后来创业打下良好的体质基础。再者，居高之地视野开阔，远山近水，平坝田野，云雾缭绕的多变气候给四野产生时清时浊的迷幻景象。它犹如国画中以白计黑的内涵，留给人想象、推测、臆构的偌大思维空间，极易使人产生撩开模糊问题面纱的思绪与勇气，和想看清楚依稀远处景物的心理同构。景物若清晰得一目了然，还有什么想象的余地呢？笔者请教吴冠中教授对四川雾蒙蒙的景色发表见解时，他说：好在它概括了景物，常以微妙的灰色留给了人层次和想象空间（大意）。这种无意识或有意识的触景生情思维活动，给具各类思维特点的青少年提供了各取所需的启迪，推理的，联想的，逻辑的，跳跃的。现代心理学证明：大自然是培养青少年创造力的最佳场所之一，也是他们产生追求真理的志趣从而产生意志力的理想环境。山外有山，天外有天，四川人成名者多在盆地之外。长此以往的空旷又迷茫的环境难道没有铸成这种心理的基础成分？

第六，名人故居之地，无论小环境、大环境，皆竹木丰美，青山绿水。人在其中绝不同于在荒漠之原、雪域之国。钟灵之气自潜入身心，人极易获得对事对物的丰富情感，滋养出爱家乡、爱祖国、爱民族的端庄品行。

第七，有的名人故居环境中确出现与众不同的特殊的地形地貌，此常常为民间所乐道。如朱德故居柏林嘴后山头，形极类清官员花翎顶戴，上面稀疏的柏树犹如羽翎，周围百里之内难见此状。赵世炎故居前之远山岩石银白闪烁，山体如城如龙蜿蜒。张爱萍故居前之"案山"一对景有一棵茂盛的大黄桷树发了8枝树干等，民间流传多为颂扬之词，和此形此物相谐说，反映出一方乡亲热爱名人的诚挚之情。诸多因素可附会，而就带来富贵显赫则不能贸然附和。民国时期朱德带兵打仗，屡建奇功，时四川军政首脑以其风水太好之故，挖其祖坟破其风水，最后自己仍以覆灭告终。前面讲了，保护较好的故居多为清中叶、清末所建。阴阳家必定择其显要，按图索骥去完善其理论，因而出现了利弊两面的客观事实，其利的一面给人的生理、心理带来健康成长。至于其他还有什么道理，本已成为当今环境、建筑、文化等各界研究热点，更深入讨论下去，将是非常有益的。

名人故居价值

名人故居价值归结起来无非是历史、艺术、科学三方面的价值。三者互为表里。以建筑核心论，笔者谓之故居文化。其价值之首要为认识与教育，包含一方文化中心的形成和以此为支点所展开的对于国民素质改造的特殊作用。这部活生生的榜样教材，以建筑空间体庞大的体量屹立于大地之上。它所造成的视觉体验和文化感受都是其他建筑物不能取代的。民间影响不可估量，四川名人故居点多面广，一点影响一片。汇点成面，必是民族创造力、生命力强大的维系支柱。由此而拓展的旅游开发、文博展览，甚至以绿化为龙头的生态平衡都将得到综合发展。再则，传统民居整体上必将被新建筑取代，完善名人故居形同保护传统民居的典型例子。以此作为母体生发的对建筑环境、选址历史、心理等方面的研究，亦是取之不尽、用之不竭的丰富矿源，既可作为青年建筑学子学习传统文化不可缺少的实习基地，更可作为现代建筑设计某些领域内在创作与传统文化空间体验方面的感受源头。各种人、各层次文化素质者都可由此而各取所需，各得其所。

结束语

当今社会昌盛与名人有着血肉不可分离的关系。而知名度大小、影响力强弱必然涉及什么级别、什么样的人等系列问题。笔者以为：名人是历史变革中带来的社会认同，是舆论导向和民间流传播布两者结合的结果。他们基于人类良行与正义的立场，已构成社会客观存在的文化现象。只要他们对国家、民族的延续和强盛有利而不是相反，那么，就不能以某人曾经有功有过来做定夺。恰如此，展示了名人的丰富性和可鉴性；若不如此，则应取缔像大邑县安仁镇刘文彩故居之类的故居。低估人民的智慧，同样是亵渎国家与民族。不能因为有人挖了朱德的祖坟，我们就去把那个人的祖坟也挖掉。把作为凝聚中华民族的传统文化毁来毁去，必将给民族带来巨大灾难。

还有一个"盖棺论定"问题，即人死后才说保护故居。这种阴暗心理非常有害。像世界级大文豪巴金先生在成都的故居，它是先生系列故居中最具故居文化色彩的，在四川乃至全国人民心目中具有十分美好崇高的地位，可惜只剩后门和一塌糊涂的后院了，那院中孤独的银杏已被平房破隙缝中冒出的烟火熏染。当很多海内外读者来寻觅他小说中的建筑描写，试图通过它加深对过去时代的了解时，嗅到的是油烟味。泸县小市镇蒋兆和先生故居，蒋夫人有言，若能修复故居，将把先生的一些遗物和书画捐赠给故居、乡里。这是一笔多么宏巨的财富。先生已作古，故居仍被一片民房肢解。所以，"盖棺论定"不可取。

目前，建庙之风大作，亦是给帝王将相、菩萨观音营建新居。诸多原因导致丑陋形状，污染了环境，亦污染了灵魂，倒不如有礼有节地疏导人们把兴趣和钱财用在名人故居的建设上。名人和古代各类有名无实的"名人"同理，世人信仰同构，因此名人故居极易和人心趋向衔接。相信有识之士大有人在，名人故居文化一定能发扬光大。

话说四川小镇

近些年，掀起一阵小镇热，由杜宪主持的《中国小镇50例》将由中央电视台播出。紧接着各地新闻媒体亦陆续将有特色的、无特色的小镇和盘托出，摆在观众面前。此至少说明，大众心向小镇，小镇有看头，里面有道理。不管人们怀着怎样的心理去小镇索取自己向往的那一部分，向往和憧憬终是一种美丽，终是一方精神的净土。有一年三八妇女节，双流黄龙溪一下拥来了上万的妇女，那是因为与其他小镇相比，黄龙小镇自然状态还依稀飘浮着古风浓重的彩云。如若不然，为什么她们不跑到所谓面貌一新的，全是"洋房子"的"亿万元新镇"里去呢？拿西方学者和港台学人来说：凡有机会深入到巴蜀之地一些传统街道和建筑稍有一点儿古典文化风范的地区，他们都不约而同发出一阵赞叹。这种对小镇情有独钟的现象，使人感到小镇不仅是一个把房子集中盖在一块地皮上的地方，它的综合性和广泛性涉及农业文明转移到工业文明的历史新时期，第三世界国家带有普遍性的建设性破坏问题，包括人口素质、社会风气、价值取向、经济状况、城镇规划，甚至哲学、历史、地理等方面的问题。我们言建筑是文化的载体，一塌糊涂、乱七八糟的建筑有它空泛、茫然、混沌的"文化"，而含蓄、有序、丰富，积淀着历史发展脉络的建筑，自是一个地方、区域、国家的文化缩影。内涵的博大与深邃，和毫无内涵的苍白、贫弱是不可同日而语的。这和眷恋过去农业文明的辉煌，枕着历史观赏那落日的余晖是有本质区别的。文化发展往往不与经济发展同步，更何况建筑科学本身就是在与气候、地质地形、材料选择、空间创造等方面丝毫也不能马虎的协调中发

/\\ 资中小镇

展壮大的。谈起过去的建筑动辄风水、破旧、肮脏，五千年之思想积累于今反倒不如一日之功。以今日材料之现代色彩、功能否定文化的博大精深，搭错车也。如果你来到现在有的边远小镇，会发现因其经济落后于盆地内，那里的小镇格局和建筑的自然状态得到了完整保护，而那些"改造"得花花绿绿的"现代小镇"，原来是一堆现代材料码起来的堆砌物。不仅四川如此，全国都是如此，千人一面，南北昭昭，个性全无，叫人过目即忘。作为艺术的建筑，天下文章一大抄，一个方案走遍天下，设计者全部都是建筑学家。建筑面临重大抉择，实在不可等闲视之。我们必须正视在对物质的赞美中发出的危险的精神信号，警惕在对建筑的一种价值倾斜中所造成的文化瓦解。马克思、毛泽东关于物质和精神的论述不知说了多少年，在他们用理论实践打下的江山里，我们不能践踏他们的信仰，更不能在创造一个富裕的物质世界的大旗掩盖下，把维系中华民族几千年不垮的传统文化说成是绊脚石、不死的幽灵。诚然，前面说了小镇之热带来了保护传统建筑文化的契机，而中国台湾在20世纪60年代经济起飞时期在对待传统建筑文化的理解和处理上亦同此理。到如今回过头去看"起飞的建筑"，发现不少材料的躯壳，台湾当局于是展开保护现存有价值的传统建筑的斗争，并动员民众都来加入这一行列。譬如，台北的中山桥拆损事件，土银总行事件，新竹郑氏家庙、永靖余三馆、新埔金广福、芦洲李宅事件等，都是在"解除古迹"的喧嚣声中，安心彻底毁灭中华文化的人所为。好像不如此，就不能达成现代化的目的。

就时间的幸运和前车之鉴来讲，我们听到了传统文化沉重的喘息声，同时又听到了急促的步伐声。党中央曾一次次地掀起保护、发扬传统文化的爱国主义教育热潮，不过内容多为歌曲、故事、细琐文物等。而作为传统文化极为重要，极有分量的建筑文化，因其体大无边，又细碎微小，还有不少高深的自然科学成分，渊源复杂的历史纠葛，漫无边际的艺术，难以捉摸的阴阳风水，五花八门的民风民俗等而导致一般人不太轻松，望而却步，这就和多为消遣的轻松活泼形式适成反悖，犹如做学问了。然而，若要把传统文化教育真正深入持久地开展下去，"学问"必须做，得越做越深，你有一桶，方可取一瓢予群众，那么教育的成效才能持续巩固。当然教育策略可在文化多一点儿的层面展开，并可把道理深入浅出地在其他文化层做探索性铺展，而不是在反反复复的热浪中，一台歌曲下来，隔几年、几十年又是原台歌曲重唱。唱是无可非议的，但内容必须新，必须逐渐有深度，使直接诉之于感官的具象的、可描述性强的，逐渐与抽象的、逻辑的、长效而富内涵又不是故弄玄虚的内容并存。基于这般设想，我们把四川民间小镇介绍给读者，并与读者携手一道去漫游那让人忘乎所以的、美丽的传统建筑文化大海。

因盐兴起的宁厂镇

　　10多年前，四川省展览馆举办了水粉画家简崇志的画展，作品有不少巫溪县大宁河上游小镇宁厂的内容。以传统建筑为主要题材的作品中，弥漫着一派四川独具的银灰色调。这个在秦汉时期就兴起的小镇，在画家笔下，房舍依山傍水而建，或攀壁悬空，或临水吊脚，或穿凿嶙峋石缝之中，或构架木柱之上，鳞次栉比，犹优山谷。画作色彩之美更是把小镇气氛烘托得如山间仙宅，神仙之居。一时间全省争说简崇志，个个神游大宁河。于是大宁河上有个宁厂镇出了大名，地处陕、鄂、川交界之地的小镇披上了一件颇有殊荣的色彩外衣，实在是宁厂镇得天时地利之便。宁厂是因发现一股含盐成分很重的自流泉而兴起的工矿型小镇。盐泉自山谷流出，应运而生的盐厂、店铺、住宅在建房选址上无回旋余地，若要把建筑施展开来，必然导致人的智力与大自然的一番较量。建筑如同人生，终经反复磋磨者方可显出内涵的丰厚。反过来看建筑，笔者亦觉得它是人生之延长，并由此引导我们进入一个更深更广的历史通道。你发现因盐而发生的建筑，在特定环境里，没有可资展开的地形，也就是说，没有一块平地给你建厂、设号、立铺、居家，只有陡坡绝壁地形等待你施展建房的选址术。这和当今小镇改造中，不经充分论证，动辄举镇全搬，乱占平旷之地形成鲜明对比。于是我们看见宁厂在漫长的历史中所形成的建筑经历，石砌堡坎兼河堤，兼路面，兼街道，兼码头，兼水埠，兼桥头……又分台砌筑，得屋基，得石阶，得踏步，得天井。临河一面建屋者不与路争，自悬吊脚，凌空高置。傍山一面建屋者，宁可一坡水屋面，不成形制，让出路来，过街搭建，遍设栏

/⋏ 宁厂临河别致小店

/⋏ 宁厂老码头及周围民居

杆形成过廊，使过客晴雨得憩，宁可店宅局促，互相梁柱共用，共建一壁，互通有无，也不损坏公共的空间。即是用地到了极限，于此天狭地窄之河谷，街道仍显宽窄得体。因其如此，和半边街时开时合的节奏呼应，而街下之河流如旋律，一刚一柔，刚柔相济，共同鸣奏出一曲传统建筑文化的优美之声。这样断断续续，时紧时松，时而有街，时而有河，天窄一时，转而空旷辽阔，一直延伸约5里之长。一切建筑就地取材，能石则石，能木则木，石木搭配，上木下石，不与路争，让人三分，自寻高屋小窗。有的还丢不开风水中轴意识，做些寓意象征。穷乡僻壤之地，几千年来没有专门人才在那里规划，争论过去，讨论未来，他们靠的一句话是：留出一条路，大家好生存。如家家争地，封死道路，只留一条"一人巷"似的小街，船上人上不了岸，街上人下不了河，街上走犹如洞里行，阴暗往往和潮湿共衍，可想而知该是什么样的生存条件。和当今诸如"钉子户"、乱占乱建者相比，其大公境界，又是何等的高尚。久而久之，仁义得道，便有一种谦让的道德同时派生。邻里相安无事，两家共枕一梁，一壁多家共建。大家互通融洽，随意中又互为牵制，紧邻中各自为政则无立锥之地，于是出现一个融融乐乐的整体。这就使得进退中各家互得空间开合，又把空间节奏延续下去。宁厂之美实为此因，故而房屋高低错落，疏密相属，络绎而不熙攘，清雅中又有热闹。人气繁荣伴以自然时时相随，天人合一，皆大欢喜。这般由建筑物和自然构成的空间境界，犹如大宁河清波碧水般淡雅含蓄，时而又如深潭般蕴积悠深。于此，你体验到的不仅仅是纯粹的建筑美，更是一种人情美、民风美。物质和精神，以精神为先入，后而以物质再辅以精神升华，建筑文化得以宏富，建筑艺术更显魅力，中华传统文化在建筑领域的表现可见一斑。一种以竞争开发共存共荣的盐业工矿小镇，因此变得盐如糖味，小镇内涵丰富多了。这就烘托出了小镇的整体个性，一种蕴含生存与发展创造，而又团结和谐的建筑组团。

四川自战国以来就有井盐开发，单是"盐井沟""盐井乡"等与盐有关的地名就遍及全省各地：云阳、忠县、酉阳、阆中、三台、射洪、泸州、自贡、富顺、内江、高县、邛崃、什邡、乐山、盐源……有的小镇发展为县治之地，更多的小镇今已渐荒废。但有的还保护得相当完好，如上述宁厂，还有资中罗泉、富顺仙市、云阳云安、五通桥局部等。由于盐为民生基本，是大宗的生活必需品，又有较高的利润，因此，因盐而兴起的小镇，无论凿井煎盐的业主，还是经销转运的盐商，抑或分零单卖的小贩，其小镇住宅和公共建筑整体上较一般小镇为优，这一类小镇无疑是四川小镇中的精品。而据笔者有限的经历，精品中又首推巫溪宁厂镇为古风最纯正者。那是因为这里目前尚未发现一块水泥制件或烧制的现代砖瓦的迹象，而传统建筑和环境因其边远得到了自然状态的留存，而地理位置又在旅游热点大宁河小兰峡的上游。与其进行建筑上的改朝换代，不如原封原样把它保护下来，因为这样可能更具经济、历史、文化价值。而当今该盐厂已停产，更加净化了生态环境。它以人文景观丰富了小三峡自然景观单调的文化旅游层次。小三峡中段的大昌镇的明清民居，颇具特色，价值在文物方面，诚然也是一种类型，然而历史和审美品位不一定发生同构关系，而各有侧重。

　　保护、利用四川的各类古典小镇，形同保护人类高层的人文资源，因为它们是四川、全国人民的财富，更是人类共有的财富。当中国、世界上都是现代建筑的时候，我想曾经受到冷落的那里犹如现在的双流黄龙溪一样，一定是热闹非凡的。

风水格局昭化镇

纵横巴山蜀水星罗棋布的小镇，笔者常被种种神秘气氛迷惑，四围山障，三面环水，塔阁辉映，街衢错综。城池屋宇，城门错位，房门斜开，门簪乾坤，鬼符狰狞……处处闪烁着传统建筑独具的文化色彩。改革开放以来，巴蜀城镇吸引了大批国内外建筑文化精英前往考察，尤是阆中等城镇的风水研究昭然学术界，硕果累累。

阆中位于嘉陵江中游上段，其上游几十公里处，还有一个饮誉全川的古镇：昭化。"到了昭化，不想爹妈"是过去流传甚广的调侃之语，意即那里的姑娘漂亮、热情。其实昭化之美更在于其渊远流长的历史文化，尤其是小镇的风水格局。其一，昭化古为葭萌县治地，春秋时以"苴"独立于巴与蜀，是秦灭蜀的触发之地。三国时昭化曾被刘备攻占，素有"全蜀咽喉，川北锁钥"之称。《阳宅十要》说："人之居处，宜以大地山河为主。"把地理因素摆在首位，同是自营一方气候的区域地理中心。古人以"王者必居天下中心，礼也"的思想选址于此，为风水观之首要。其二，昭化得以生存发展，依赖周围肥田沃土的农业基础。《礼记·王制》记载："凡居民，量地以制邑，度地以居民，地邑民居，必参相得也。"可见城镇和农业的关系。其三，新石器时代起，祖先聚落选址均视依山傍水为最佳"宅居"之势。昭化被嘉陵江三面环绕，中得平旷之地，前有风岭山为屏，后有翼山作障，西有牛头山峙护，形成良好的生态小气候，再以形制城，与四周形景相属，设方中带圆的城池，"虽信夫弹丸之域，亦有金汤之固"。"筑城护君，造郭守民"，昭化以城墙凭险据守，冬可御寒沙，夏可防洪灾。最后，昭化各地尽在川北水陆要冲之道，昭化纳米仓道、金牛道、白龙江、嘉陵江、清江河交通之利于一地。综上诸要对照有着约 2 300 年建城历史的阆中，昭化建城历史为 1 700 多年，昭化恰是阆中城完整风水格局的翻版。风水诸般，样样形神皆似，亦代表了风水中心阆中影响一大片风水制城的典型。川中古城镇，可言类似者不少，只不过各有殊途，皆同归于风水学说。尤以川北自秦以来受中原文化影响最大，而阆中地区恰是"易学在蜀"的中心之一，因此，川北古城镇风水面貌表现得最为清晰醒目。

由于选址的谋筹精要，古人以此意度地理环境，采用了便于分析实用的专门术语，以龙脉、砂、水、穴诸说概括地势的形貌，虽意象附会，如上所述，无不于糟粕之中蕴含了合理的科学成分。由此而生成的街道布局、公私建筑定位，附着的风俗文化、衍生的术语等，使得今人望之玄秘，一说风水就"谈虎色变"。其实，依古人科学部分的观点，倒还可以建造出多种多类的城镇形象，和诸多形态、特征各异的建筑。今天虽不可再建寺庙、衙署、城墙、塔阁之类，但突出一个城镇的个性，增加其文化含量，蕴积建筑的美学张力，是任何人都希望的，尤其是基本物质条件满足后人们再回过头来看问题时。

邑郊园林街子镇

　　巴人豪爽阳刚，蜀人精明阴柔，合而四川，兼具南北秉性。这种性情虽由多方因素造就，然都有寄情山水的雅趣。凡巴蜀各县皆有"八景"之爱。巴地山川险峻，景如山水条幅，显得粗犷深邃。蜀地平畴千里，如横幅长卷展开，有落雁平沙般的轻漫。恰处于山区平原临界点上的街子镇，地形所趋，得两者之利，镇人乡民不仅修饰街镇，还于镇旁凤栖山下、味江之中造桥置亭，以作为山中古寺与小镇的过渡。这使人联想到大城市市郊的园林，情理所至，浮想联翩。

　　川中虽不乏引洁水碧泉流经街道者，然多有处理不当之处，搅整得不是阴沟便是阳沟，或明或暗，空使一泓清流被污染。街子镇引水入街，沿街两边檐下畅流，水体坦露，水速欢快，无"沟"规范，沟与街一道，水仅是街左右两边低一些的流动斜面而已，毫无沟的感觉，处处与人同在。且当地似有约定俗成的保护水质的默契，流水洁美透明。赶场、行人、居家洗用十分方便，尘土随之荡涤一尽，亦使街面真正干净如洗。街两岸人家，有精湛非凡的木雕、灰塑，内容虽如普遍的福禄寿喜之类，然工艺高超，构思独到，造型独特，绝非一般庸匠所为。这里还有构架稳重适度的清代民居，和民居中时不时飘来的兰草香。文风、雅趣交替悦人眼目，沁人心脾。更有下场口正对街中心的字库，塔一般，犹如风水中的对景。字库下纪念"一瓢诗人"唐求的唐公祠和几棵大银杏树辉映顾盼。大大小小，流动凝固，尽是优美辞藻。碧流、木雕、灰塑、幽兰、字库、诗人、祠堂统与民居谐构，显出镇民高尚的情调和良好的文化素质。恰是这些充满诗情画意的东西，构成了园林遐想，并为在镇旁味江上游的五荬沱展开园林雏形的尝试奠定了文化基础。这里河湾、碧潭、沙滩、小岛、索桥、小亭、修篁天然成景，人文小构点缀其间，虽布局疏散，又无围墙，却恰是因人文气息渗入毫无修饰的野景之中，显得更加天真烂漫。比起雕琢粉饰，这里是一番彻底的素朴清淡。比起大城市公私园林的庞杂紧密，它的一切全融于纯自然之间，尤感易于容纳人性的真率。如果说大城市园林是经济文化高度集中发达的折射，那么，小镇的追随亦如折射的光斑。四川小镇多，差异大。小镇建筑文化自然会产生差距，而文风习习，诗趣悠悠，以多种精神建筑介入山水之间者却并不普遍。这种高品位的小镇素质，无疑是小镇全面发展的方向。归根到底，是其群体文化素质的较高层面，能充分认识到自然中的山、水、林、木、石等原始生态构成，对于人类生存环境的重要性。它顺其自然，维护自然，有节制地利用自然，十分朴实地延续了"天人合一"的渊远古风。显然，这是凝聚民族向心力一个不可忽视的侧面。再环顾审视巴蜀传统小镇，我们会发现它们多多少少都存在自然文化、建筑几成园林之趣的基因。镇旁幺店子、茅亭、黄桷树、小桥、瀑布、溪流等都是极为宝贵的资源。这实在是当今社会应加倍予以关注的。

/八 龙潭民居

高山好水出龙潭

"不去全不知，好个美龙潭。藏在深山中，只是路途远。"这首打油诗是我川东南之行一个旅伴脱口而咏的。我问这个湘西青年：龙潭与名气誉满全国的湘西小镇相比，孰优孰次？小伙子不囿于"谁不说咱家乡好"的偏执，大唱巴蜀小镇赞歌，很给我上了一堂"平心静气"而论的课。是不是如此呢？那龙潭确是美得很吗？

酉阳县界毗湘西、鄂西、黔北，和秀山县构成四川行政区的一个"吊角"。龙潭镇界于酉阳、秀山之间一条窄长的平旷带中，龙潭河碧流居中划过，过去有船直下湘西沅陵，汇沅江飘然而去洞庭湖。既为龙潭，龙居何处，潭出哪里？只要漫步小镇四周稍加注意，便会发现似乎到处都是水，大溪小流泉涌井溢，好个丰沛的地下水库。如此绝顶净化的"矿泉水"，如此美妙甘洌的圣洁之流竟然满地横流，直让喝惯了"机器水"的人啧啧慨叹，惋惜之至。川东南谓泉水为龙洞水，未必然龙潭因而得名？更有弥漫在空气中纯美的"水汽"，忽而股股荡来，使你深呼吸不断。我想这里的人真是得了天福，长年都被长寿的负离子泡着，"负离子发生器"恐最仇视这样的地方。还有那场口的廊桥，镇旁截湾切角的各式石桥，四方井，六角井，优美的井台、护堤、水埠、码头，干净的石梯，跨溪的木屋，房上的小窗，直落水面和溪水嬉戏的藤蔓。最热闹的是清晨和傍晚，汲水郎、洗衣妇、捕鱼童……搅得满镇湿漉漉，居然汽车都爱在此加水，说加了龙潭水，干净少毛病。水是流动空间与时间的生命体，不仅滋润着一方人情，养育着一方人民，更造就了一方建筑。龙潭镇最精美的民居亦在水边。在镇政府大门前,一股大泉,泉中在流淌中沿途涌入小泉,三弯两拐,造就一片植被昌茂的天地,其间五六户小桥流水人家罗置两岸,石壁砌基、凌溪土夯,上建木构,覆以青瓦。大壁大壁的各类材料混作墙体,被喧闹的藤蔓肢解得斑斑驳驳。那高棂小窗偷偷地从缝隙里窥视,如深宅闺秀羞怯的眼睛。若过小桥抬头仰视一道道雕刻至微的垂花门,那门楣、门罩、门簪、门礅、石鼓,皆气度不凡。木刻、石雕均亦本色精制,不似镏金粉彩的粗俗奢欲,又是恰到好处的文化高气质表达。一股浓烈的中国古典书卷味荡漾门庭间,立刻就产生一种对人的行为的制约力。于是你放慢了脚步,那些比比画画的人物在做什么呢?那虫鱼花草、飞禽走兽寓意了什么呢?你开始寻找你的知识,你想对它们做出圆满的回答。如果解释不通,兴许有一丝羞愧掠过你的脑际,但那是无关紧要的。然而,古人何以要把一道门做得如此之精湛,如此花功夫花钱财?姑且不说,到处都有干燥地方修房子,又何必偏偏要在潮湿的溪边修幢漂亮房子,还故意搭个桥制造些险情,这不是自作孽吗?然而,又恰是如此,把有文化无文化的人都吸引去了。就是洋人,也不由得在我们民族这般构作前让照相机闪光灯闪个不停。这里面难道真的有一种美的力量不可抵御吗?

过了大门,再遍观内庭、天井。无论何家,除了门面的考究,门厅既为通道,亦同为通观庭内的"看台"。所以各家各户视庭院天井为物质与精神寓居中心,让人进得门来有一派光明祥瑞之感,有一种风水相宅"亮堂"之意。堂者,正房之中屋也。堂若低矮,索性敞开为厅,和大门、门廊、天井贯通一气;若门额、厅匾上再挂诸如"紫气东来"一类的光耀之词,则满庭生辉,祥和至极。人进得门来即刻被乐融融之气笼罩,"家"的氛围构成,即为归属感的最高境界。龙潭民居庭院,大小长宽各异,但通被如此基调支配,百户百家自营情趣,呈现小异归大同的丰富格局,尤其是地处偏远的小区,传统住宅居然把建宅制度圆熟应用到极致,让人深感传统文化无孔不入的凌厉。如果环顾左右厢房,你会发现其门窗制作和精工的福禄寿喜吉祥图案互为呼应,把实用和美学糅合得天衣无缝。上述仅为私家之作。再漫步大街小巷,你会发现石板街虽与川中小镇同构同理,然动辄三五里的长距离。如此高昂的费用该由谁出,清政府、明朝廷会不会拿出钱来为千千万万的城镇铺街设道?甚至也没有成立一些机构来指挥该如何建修。这是一种什么样的机制制约着一切,若干年下来还是这般让人赞叹不已？

　　龙潭要看的东西太多，我还只是跑马观花，一晃就到了薄暮时分。这般地灵之地，"人杰"如何呢？第二天上午，镇国土办公室主任便来相邀去看赵世炎、赵君陶兄妹和刘仁故居。两处故居距镇仅二三里，方向不同，风格各异。赵氏兄妹故居有浓烈的湖南民居色调，四围砖墙中，严格的中轴对称布局由于空敞，显得静谧而疏朗，庭院里外，石磨、碓窝、碾房、书房、小姐楼并存，使人尤感耕读为本的农业文明的酣畅淋漓。而一字形的刘仁故居，尺度宽大，朴实大方，褐色的木壁装修，严谨精微，又不失亲切素雅。主任是个爱家乡的有心人，他说他就要把握好土地审批权，凡是想侵扰这些好东西的，他绝对不会给开绿灯。这样热爱家乡山水建筑的人，难道不也是人杰吗？

从《在其香居茶馆里》到沙汀故居

到哪里去寻觅"其香居茶馆"谧芳的茶香？又到哪里去获得音韵般茶香缭绕的茶馆空间体验？任何读过沙老这篇小说的老茶客、新茶客都会虚构一座其香居茶馆的建筑框架，在脑子里建造一座属于自己的缥缈的"其香居"。书读了还不过瘾，硬要去找一个地方的茶馆印证虚构想象的正确。鬼差神使地，我竟骑行数百里之途，意在安县沙老故居先悦心目，继而找到茶馆，泡一杯酽茶，渐入其香居境界，痴恋一番人生偶像，留他一段扎实硬朗又美丽的经历，把那个时代世俗乡情的瘾过足，这样，文章才算真正读完。

安县大西街故居被糟蹋得不堪入目，我不敢久留，怕浓浓的情思被冲淡，转而疾驰睢水场。那里是先生隐居之地，他在那里写下了不朽的《在其香居茶馆里》等长、短篇小说几十部，展开了中国农村历史画卷，洋洋大观。过桑枣、秀水、汉昌，沿途乡亲争说睢水沙老故居："在小镇旁的刘家沟柿子园，一间简陋的茅草房，竹片为骨，黄泥抹壁，仅有一个小木柜……"说着说着，声音都软了，眼泪哗哗的。最后"小老头儿的草房也不在了……"，脑子一片空白之后，我进而一想，也罢，故居没有了，却在乡亲们的记忆中牢牢地筑起永恒的故居，那是任何力量也难以摧毁的建筑。

距睢水不远的湔底场，居然有茶馆如想象中的味道，真是似曾相识。全木结构，深褐色的历史气氛，一楼一底，中为天井，楼上楼下皆有回廊，极类电视剧《在其香居茶馆里》的选景。自然酽茶一杯熬了大半天，在全是木材支撑起的天地中，我眯着眼睛，窥寻历史的遗风，品味社会的端倪，展阅农村的画卷，咀嚼乡情的烂漫，领略书中的谐趣。自然又有该死的大商号，肥绅粮的洋房子、四合院时时撞得我一下睁开眼睛，间或闻到股股铜味和胭脂气。说也怪，终是那茅草房，充满原始甘醇的力量穿透着我的心，在土与洋的较量中，控制着我的思维。怕偏执不平心而论，怕昏蒙中闲置文化的客观尺度又招来从百草园到三味书屋的审视，我又沿着艾芜新繁清流瓦屋南行，一路丈量到缅甸边境的马厩。哦！睢水关风雨飘摇茅草房里的小老头儿，你是占据整个春天不倦的春蚕，吐了好多的丝，为人类织出了大片大片美丽的绫罗绸缎，你住的吃的都是草，却给后世挤出那么多洁白甜醇的琼浆。同时你却平凡得像睢水关过街楼下赶场的老农，像睢水河中一粒沙……那乾隆五十二年（公元 1787 年）建在河上的石拱桥下，戏水畅浴的少男少女，何曾晓得有个小老头儿常从桥上走过，要去场上的其香居茶馆。

我一阵折腾，感到"书"不仅没有读完，反而越读越多。睢水故居没有了，其香居茶馆也恍兮惚兮。可是，这段补读，这段自我发展的延续，回想起来终是那样美丽。更有甚者，脑巢中永远建起了茅草房和其香居茶馆的建筑形象，竟然时不时还修修补补。我是想让老人住得更舒适一点儿，喝茶的环境更优雅，在我的脑子里永远永远地住下去。

遥远的江姐

　　江姐离我们很近，偶尔耳畔飘过"含着热泪绣红旗"的曲调时，立即感到凄婉中的悲壮。那仍是一剂能躁动全身血液的妙药，让人好久才平静下来。可是不久就缥缈了，变得遥远，变得依稀。

　　大约是童年家就住在歌乐山下的原因，每逢春假，郊游、访亲都要从山下一座著名的"凶宅"旁走过。我大约常去三峡，常在奉节城门下躲荫纳凉，驻足仰首城门洞拱顶，那里曾悬挂着江姐丈夫彭咏梧的头颅。也许是她的儿子彭云和我同时代，他读书的中学和我读书的中学仅一墙之隔。也许在酉阳时，留给我深刻印象的是，告发江姐的甫志高原型就是该县人。也许他还一次又一次在万县窄街陡巷中流连，似乎寻觅她的踪影，因为江姐就是在这里失去自由，消失在人间。

　　有关江姐的信息在人生旅途中不断向我传来，再加上那张脸微胖略方、明眸淡笑的黑白照片。江姐使人不能忘怀，要用什么把她从记忆中挤出去，简直太困难。

　　在遍访名人故居的东奔西跑中，巴蜀一代伟大女性的故居及其文化追索始终伴我跋涉。赵一曼、丁佑君、钟太夫人、饶国模、张露萍……她们是中国近现代交响大乐章中的强音符，是四川几千万女性的骄傲和楷模，是巴蜀妇女享誉全世界的忍耐、勤劳、勇敢、智慧的化身，我能从她们那里获得些什么呢？也许是漫无边际地寻觅一种感觉，东张西望地追赶着失去的遥远。可就在那盆地内的空旷与广漠之中，她们犹如太阳、月亮、星星，兼具温暖和煦、幽淡郁馨、静谧神秘，永远吸引着我去追寻。

在自贡市郊的爱和乡丘陵深沟中，江姐的故居已不复存在。我翻过好几道山梁才看到江家大院蓝灰色的屋面，而江姐故居却在大院后的斜坡上。她的一个表妹告之，那是一排三间"要垮要垮"的土瓦房，简易穿斗结构，竹编夹泥壁。江姐于1920年诞生在右边的房圈里，房圈后被火烧，那是她8岁去了重庆之后的事。如今留在江家大院后的屋基土种了一地蒜苗，两副三脚晾衣架立在上面，还有不远的一个土堆，下面埋着她的父亲江上林。只有泥土是永恒的纪念，那固有的川南紫红色土壤，充满生命活力色彩，似乎在提醒你一种激荡人生，以及改朝换代的韵致。而这种接近红色的紫红，和鲜血、旗帜的红色合为热色调，在人头脑的精神意象中编织着一个美丽而绚烂的花环。离开那块土地好几年了，仍留在那里，那是永远会放在那里的。她虽然很遥远，但又很近。只要《红梅赞》的歌声一起，她立即就会同时唤起人们对那红色的怀念。

故居不一定都是深宅大院，几道朝门，若干天井。韩英出生在洪湖的船篷里，那也是她的故居。陋房简屋里不一定都是庸夫，48个天井的宏宅孵出来的不一定都是敢于搏击长空的雄鹰。江姐远去了，消失在空蒙的物质世界中，飘摇破败的土瓦房也消失了。可是她带来了华厦，她和杜甫"大庇天下寒士俱欢颜"的良愿殊途同归。几千年了，这个多灾多难的民族有了可资欢颜的住宅。更多人的故居都将消失，变得遥远。这是遥远的江姐和她的同伴带来的遥远，而遥远换来了最近的现实，又何言遥远呢？

月亮丁佑君

　　不要以为月亮皎洁是多愁善感少女的独钟，有少女在月亮最明亮的凉山创造了月亮般神圣的事迹，在人们头脑中留下月亮般圣洁的形象和月亮般晶莹透明的心地。

　　这个在有西子湖美誉的五通桥茫溪河畔出生的少女，家在河岸斜坡台地上，站在三合院的天井里即可俯望岷江与它的支流茫溪河。于是总有几个美好的词不期而至地串在一起：少女、月亮、清流、碧水、修竹、黄桷树、邛海……这本身不就是一首诗吗？不就是一个少女成长的环境和她的人生轨迹吗？能使人在一个逝去的少女的故居里涌出这样美妙的联想，那该是什么样的心灵世界里所散发出来的温馨？这沁人心脾的气息，也许还萦绕在三合院明朗的檐廊下，宽大的廊子连着大门进来的石梯，经堂屋外一直到少女的厢房门口。川南的住宅多由开敞的天井、半开敞的檐廊、封闭的房间系列空间构成。而檐廊是最宜人的去处，它遮阳避雨，光线充足，亦可在那儿摆桌设椅，读书写字，休息饮茶。若居家女性于此绣花缝补，它亦是家务杂工不可多得之地。三合小院的檐廊仅有一面，全是因为地基面积所限，作为空间过渡却恰到好处。檐廊亦有取代堂屋作用，形成全舍中心。无论站在檐廊下或天井里，举目前望，境界十分开阔，一泓茫溪的碧水在绿岛般的黄桷树下自成黛色世界。这是一个塑造富于进取、纯洁高尚心灵的环境，追求光明、勤于思考的高朗之地。它没有传统院落僵死的凝固，左右厢房对称格局对而不称，气氛尤为宽松，严谨中透出活跃……井井有条中的次序，次序中的不甚规则。这个三合小院真如一个翩翩君子，又飘逸又持重。其实，这些都是木结构、木框架和小青瓦所举架起来的物质和精神共生体，以朴素简约、幽淡恬适为基调，和庞宅大院、深闺高阁不能同日而语。少女若居于其中，不仅易感于阳光的坦荡，张弛亦十分得体。和一个羞于光天化日的明朗，躲躲藏藏故作妩媚的娇柔相比，难道民居没有人格人性的踪影？虽然这不是一成不变的格局，然而最初的生活空间与环境该是何等的具有感染力。巴金书中森严的多重四合院，鲁迅少年时的从百草园到三味书屋，李劼人的川西坝瓦屋茅舍……他们是怎样从那些建筑中走出来的呢？他们都在里面做些什么呢？于是又有几个句子令人不得不写，哪怕它们是蹩脚的：邛海的水为什么那样绿得发蓝，建昌月为什么亮得使人有温暖感，丁家故宅何以严峻中溢出微笑，从里面走出来的少女为何如月亮般皎洁……它们之间必然有某种契合点，我想那就是"真"，一种善带来的真，美带来的真，民居没有那么大的修饰表现力，但它弥漫着这种朴实率真的气氛。它们同样的气质，共同烘托出一个崇高的境界，民居于是变得有生命力了。

银杏和最后的民居

秋分降临，山野的银杏就开始喧闹起来，纷纷扬扬，那橘黄、中黄、淡黄色的落叶，有的旋转，有的直泻，有的漫不经心，都来到土地上。平原秋晚，寒露霜降时节，树叶才依依不舍地脱离好像铁质一般母体的身躯。在那些守护民居的银杏树上，有的落叶急不可待地投入泥土的怀抱，但终有很多很多黄灿灿的叶体相互依偎叠压，挤在一家家老百姓的屋顶上不情愿落下。它们拥成一团，铺成一片，密密实实地盖满了小青瓦，把深灰色的屋面染成了满目金黄。成都秋长，银杏树叶断断续续两三个月才能落完，直到屋面从金黄变成褐色了，还有几叶高挂在枝头和寒风斗舞。那景象有多少诗趣，多少哲理，多少喻义，真还能撩起人一缕缕惜别之苦的思绪。

最可恋者是民居庭院里的银杏，那多是些上百年的老树，或雌雄二株相依，或孤独傲然而立，或相亲相爱厮守小舍的宁静，或朝夕亭立在疏朗的宅旁。家之所属，同渡旦夕祸福，像是赋予了它和人一样有机的生命情感。那每一片叶落下来，总要在心中掠过一惊："冬天真的来了吗？"

高楼逐渐取代传统民居时，给你提供了登高远眺俯瞰的良机。你若爬上最高层，尽在眼底的已是被现代建筑分割，显得十分零碎的瓦舍和天井。诚然，它的灰暗色调比不过明亮的墙砖和玻璃，但那银杏枝干傲骨般的铁灰，那屋面亮闪闪黄金般的灿烂，以及它们相属致谐，互为顾盼的天成，是其他任何建筑和环境关系难以构成的境界。又恰是因为有了高楼，我们才得良机一睹它的丰采，才牵动了我们埋得很深的依恋的情愫。我想那四方的天井，该是一个何等罪恶的深渊，情感随着落叶一旦坠入它的井底，则欲罢不能了。这难道就是人们常说的怀旧之情吗？恰恰如此又给我们展开了思考过去和现在，传统和现代，延续和发展诸多问题的契机。何去何从呢？在新旧交替匆忙变化的时代，一瞬间，那些传统民居犹如夕阳美丽的余晖，即将被高大的山梁抹去。余秋雨先生在《老屋窗口》中说这是"一种说不清的理由"。他的"母亲忧伤地说：……没房了……后代真的要浪迹天涯了"。我揣测那是中国人的家的概念太根深蒂固的原因。有家的概念难道不好吗？尤其是和家一道风风雨雨相伴而眠的一草一木、窗壁门墙……它曾枕着你童年的梦，它把回忆钉牢在最珍贵的那几圈年轮上。怪不得余先生的母亲有些悲伤，难道这不是人通有的丰富而圣洁的感情吗？也许当代人并不认为拆去旧房就是毁灭情感。老房子弊端多，阴暗潮湿，浪费土地，易着火，寿命短。然而，整个中国几千年的历史都和它息息相关，那么，一夜之间就能荡去如此蕴厚的积淀吗？何况里面还有诸如布局的巧妙，空间的迷人，极富艺术价值的雕刻等，说它蕴含了传统文化的富矿亦不过分。

西方发达国家视本国本乡出了一个学者、教授为极大荣耀，凡乡间小镇老屋特令严管，原封原样地将业绩陈列其中，以昭示后人，激励精神。我们在改革开放引进西方现代建筑的同时，是否也应该同时引进这种文化呢？成都城内名人多，其住宅亦浓缩着传统民居特色，诸如巴金故居等。若把这些民居稍加修葺，不就等于保护了一笔巨大的历史、文化、旅游资产吗？它占地不多，然而，它产生的社会、经济效益是一幢高楼无法比拟的。保护它则是光照千秋，凝聚中华民族向心力的美好举措。幸好睿智的决策者们把银杏作为市树给予了强有力的保护，使得城市获得了美好生态，更获得一片精神的黄金，所以成都才这样妩媚，这样璀璨。城内最后的民居仅存东一片西一片的了，恋情于斯者不妨登上附近高楼的房顶，兴许还能体验到它们和落日同具的辉煌。

廊桥的延伸

作为中国现代建筑学奠基者之一的刘敦桢教授在《刘敦桢文集》第三卷中说到他在 1939 年考察的川西古建筑："……至玉堂（灌县）场，稍憩，附近桥梁，俱施廊屋，如吾乡制度，又多以木架代石磴，且各间之梁，无托承其两端。"又傅崇矩《成都通览》言，过去成都城内之桥，如卧龙桥、青石桥，东门铁板桥三桥上覆有楼阁。桥上建楼阁、房屋、亭子之类，或盖小青瓦，或盖树皮茅草，皆是中国尤是南方极普遍的一种民间桥梁做法。清以来，成都城外乡下亦有此类优美的桥梁，皆不计其数，横跨溪流江河之上，诸如安顺桥、万福桥等。川人多称凉桥，即廊桥。

明智的国人办事，素来讲究与人方便自己方便，凡事不做尽做绝，极灵活地运用儒家"仁"的核心思想，继而辐射至方方面面，至一切细枝末节。当今路人忽逢大雨骤来，皆有这般尴尬体会：若躲避店铺或人家屋内，赔笑脸，看眼色，怕遭逐客令，于是庸者极尽无可奈何之态，刚者转而疾驰滂沱之中，宁可变个落汤鸡。之所以如此，均是因为仿学西方建筑，无论市井与农村，取消了房屋的出檐，即既不亮色也不阴暗的中间灰色空间，把路人置于光天化日之下，路人要么就顶着太阳或大雨走，要么就"私闯民宅"，无进退，无选择，无过渡。人之情愫于此之中，极易异化，滋生对立，扭曲人格。就是让他躲了雨，房主人那"施主"一样难看的脸色亦使人心里很不是滋味。

古人建筑之长，街市、四合院、一座小屋皆置檐廊。自家设摊摆点，农活儿闲作各有所得，至今川中小镇未彻底改造者，多仍留有此番构作。成都地紧，建筑虽少檐廊但双挑出檐很长亦为特色。刘敦桢教授说成都民居大门："小者1间，大者3间，皆以挑梁自柱挑出约1米（一架）或2米（二架）不等。挑梁之前端，则施与莲柱及各种雕饰，敷以金箔，外观自成一格。而3间者，其中央1间之屋顶特高，尤壮丽可观。"可见出檐两米，路人躲雨遮太阳不是有了去处吗？那壮丽的雕饰和巧妙的构造兴许还能消除你困境中的一些烦恼。

那么，旷野之中，动辄三五里，前无招幡，后无栈店，有何处可稍憩片刻，一躲雨水和太阳呢？和檐廊异曲同工的廊桥于是产生。此除可保护木质不易腐败之外，深层原因恐又要追溯到"仁"的思想延伸，因为它涉及建桥该由谁出钱的问题。笔者在乐至县童家场廊桥木柱上看到这样的铭刻："李高氏捐抬梁壹根""肖聂氏捐柱头两根""吴周氏⋯⋯"原因无异于夫亡怨前世无德而祈来世昌运。当然地方士绅、乡众集资共建者也不在少数，通理归于仁，图做个好事，以解决行路顺畅问题。久而久之，桥上建店开铺，桥边植树修庙，适得一方文化中心形成，更有围绕桥兴起场镇者，在川中亦不下百例。不过像成都这样在大城市中建廊桥，并不是中国所有大城市都有如此雅兴，除了上述可护桥不至腐败，恐与人文环境有绝大关系。桥为纽带，可联市井，疏通人气，若无廊屋，空旷桥面，市井于此有断气不畅之嫌。若有屋楼亭阁，则上下与街贯通，自成一小区公共空间，人们在此纳风乘凉，喝茶打牌，入夜成市，亦有追求都市中的乡村意味。这些都是富足川西坝的逸趣。所以，近来郊野新景区的开发中，此类桥的行情看涨，大家竞相仿制，亦可说明传统文化生命力顽强之势。

府南河桥梦

　　古往今来城市形象以建筑胜天下者不计其数，而其中最具特色的建筑往往成为一座城市的标志。天安门之于北京，悉尼歌剧院之于悉尼……而以桥梁作为城市标志者，虽不像有的精神建筑那样易于以单体空间形象昭然于世，但往往以群体制胜天下，成为城市提高知名度的有效手段。水城苏州若无众多的桥则不成其为"苏州"，布达与佩斯之间若尽是渡船，便形同"两个城市"。因此调动一切空间手段以达到一个城市尽快提高其在人们心目中的地位，显然是从古到今一切睿智的治城者首选之大技。

　　成都当今的城市空间形象如何？最清楚者莫如旁观者，尤是外地来蓉的人。让谈成都空间形象观感，他们确无建筑要领可述。而人们一说到西安、青岛，则城墙、古塔、红房子如何之美，无形间把西安、青岛介绍给了别人，让别人的脑子里留下了一块向往和想象的净土，他和她就是这些城市的义务宣传员。成都最致命者莫过于无晓以天下的有独特意义和造型的单体建筑，以震惊天下，感动世人，也无群体的有特色的建筑群以"团体"的艺术感染力震慑人心。如此之状况，当然不能苛求古人，其实古人在成都城市的形象创造上倒还很值得今人学习。时过境迁，面对新的具有国际意义的城市空间形象塑造，面对府南河开发新的契机，如何把握，尤其是宏观把握，站在"旁观者"的角度把握这一历史大好时机，是丝毫不可大意的。

　　府南河以桥胜如何？机趣如下：

　　有河给建桥带来机会，穿城而过的河流更多，自然建桥机会更多。桥作为建筑，不仅仅是解决使用功能问题。茅以升教授说，它是"形成中国文化史上的里程碑"的特殊建筑。这里面包含了物质和精神两大功能。成都街道格局以棋盘和放射状态相结合，府南河环绕，其间路河相交点有数十处，且今后还可能增加。由于仅有的公路桥皆车、步兼用，附近的过河人都得绕道集中在这些桥上穿行，浪费时间，又造成桥面人群拥挤，还给商贩之类以可乘之机，霸桥为市，城市观瞻亦不风雅。等等。如果以桥连接所有临近府南河的街断头，再衔接二河沿岸左右半边街，整个成都街道的"气"就通畅了。成都过去"气"之不畅，多为临河断头街，致使众多过河人往一道桥上挤，大有梗阻之怨。且人们结仇于河，以为政府不管，类似地方多成政策、舆论死角，阴暗之地必滋衍乱象，诸如倾倒垃圾，乱占乱建，府南河成为"总下水道"。桥连两头街，若构思得好，自成监督台，加上桥与桥之间相距不远，互为顾盼，对不爱惜环境者有一种心理威慑作用。如果河堤精致，半边街洁美，桥梁工艺璀璨，阴暗心理者无从在华美明亮的天底下生存。环境之保护，自得一半保证，此为其一。其二，连接小街小巷之桥应以步行和仅可通自行车为主。在车、步行桥之间河流段左右及一切陆地面，应杜绝汽车之类进入。不妨抬高车、步行桥面高度和连接桥头左右两侧形成坡度，更改坡为梯，迫使汽车不能进入。梯不在多，能造成障碍即可，目的是保持府南河若干段净化而又和整个城市"通气"的空间。于是，我们就看见了一个以桥为"纽扣"，紧连大片陆地衣衫的格局。按别林斯基所说：这里就是趣味中心。这是一种区别于园林但又有园林味道的空间格局，特色是和城市生产生活相属而行，自然就涉及了桥梁和环境、造型、历史、地理、民俗等多重关系。

成都为四川中心，自应承担和浓缩巴蜀文化之重任及精粹。天理如此，为民情所归。任何外地人看成都，都想由此窥出巴蜀之一斑。因此，在府南河上架若干桥，其艺术风范亦是头等大事。笔者多年纵横巴蜀山河间，所见民间石拱桥、梁式桥、廊桥千姿百态。尽善尽美者何止百计，其中不少为全国罕见，特色殊异。更有桥梁附属建筑，诸如民居桥庙、碑志、牌坊、雕刻、桥约者，琳琅满目，和桥梁在结构、受力、艺术诸方面相互辉映，十分夺目。这就给我们在建桥指导思想上，即突出巴蜀特色带来两种机会。一是继承发扬传统桥建筑的优秀之处，在府南河上创作一批弥漫巴蜀文化气氛的，在全国乃至世界都有非常大反差的艺术，工艺堪称优秀的传统桥梁。二是把现存和有确实资料的省内优秀传统桥梁选一批集中模仿建在府南河上。这样不仅可以抢救一批桥建筑文物，还可以模拟优秀的桥头建筑，像民居、宗祠、寺庙之类，以及桥梁各部位的雕刻、装饰。当然除桥以外，其他建筑应充分考虑它的使用功能，即借鉴这些建筑风格。

无论创作还是仿建，核心都是借府南河改造，契入再现巴蜀桥文化的机会。而这种机会不像其他民居和精神建筑那样，有发展商业、居住条件、政策尺度、房地产开发诸多棘手问题，亦不妨碍府南河两岸的整治计划。唯有希望协调的是，桥梁风格上分段落，和两岸的建筑在整体上谐为一体。比如，某一段落两岸是以传统结构为主体的住宅和商店，那么这一段是否可以考虑以仿木结构的梁式廊桥为主体，建一批各具情态的巴蜀廊桥，并在这一区段，把河堤、护壁、踏步、码头、水埠、路面等设施，都充分纳入以表现巴蜀建筑木构体系的总体构思和规划，使人到此处，便可领略巴蜀传统建筑文化的风范，给人们展开纵横开阔又具无限创造力的历史空间和时间，创造一块爱国主义教育的基地？如果说此般构想颇有小镇风味，那么创造一个都市中的"乡村"，创造一块喧嚣中的绿地又何尝不可呢？须知者是现代商业城市若全是战场般的嚣尘，环境必将加剧气氛的紧张，扭曲人的性格。人有张弛，城市也应有疾徐紧松。城市里若全是张牙舞爪狰狞的高楼大厦，可以预见，人的清醒理智素质将被不顾一切取代。如果有一方毛毛雨般的净土常让他们冷静，让他们重新回到竞争的策略上来，从而提高竞争水平，岂不又给社会风气净化创造了一个绝妙的环境，这个环境反过来又促进经济健康发展。公园的纯消遣性和严肃性与街道花园的空敞相比较，前者太不随意，后者太不私密。上述有园林味道的空间介于两者之间，街道园林化，园林生活化。可以设想只是一条河从半边街旁流过，说像街道、像园林似乎都嫌少了点儿什么。若两岸有特色的桥梁一出，空间立即变得丰富起来。两岸"气通"，桥便成为强音符。景观节奏有序，强弱得体，一个以河为中心的景区就不流于空泛了。

成都历史上在府南河上曾有洋洋大观的各式桥梁流芳于世，至今给国内外那个时代的人留下了美好印象。不过，时代的局限使人没有能力对桥和环境科学进行艺术的规划。即便如此，民间约定俗成的制约力也"随意"地创造了不少桥与环境的佳美景点。而今府南河迎来了又一个明媚的春天，改造业已展开。大好时机已经来临，趁机设想建桥方案与整体治理相配合，诚属为创建国际大都会中之"创"字计。所以，余再说：一切美丽的构想若没有一个严谨学术品格的团体和学人予以实施，一切皆昏昏然，最后把构想变得一塌糊涂，给后人留下骂名。因此，在现代行为中，多学科之交叉殊为首要。专业为龙头，相关学科辅之全役，使确有学术水准和业绩者介入领导层，并赋予其相应的权力，否则，一切又成枉然。

三峡古桥春秋

"我国典籍，浩如烟海。其言桥梁者，自明以前，大抵只言片语，散见群书，爬梳整比，无异披沙拣金。"[1]三峡工程淹没的古桥数以百计，然典籍渺渺，索无出处。笔者在1994年四五月对其中67处，包括四川、湖北两省的桥梁，初做复查之后，6—8月间又在其中选出9座具有类型性、典型性的各式桥梁、进行了更深一步的全面测试，包括四川6座，湖北3座。四川计有涪陵龙门桥、安澜桥，万县明镜桥，万县市陆安桥，云阳述先桥，巫溪凤凰桥。湖北计有巴东无源桥、秭归屈子桥、兴山竹溪桥。以上除巫溪、兴山2座桥之外，其余7座皆系石拱桥，数量和特色都代表了三峡淹没桥梁的主流，亦是历史、艺术、技术集中体现的核心。石拱桥而论，自是必然。

"晋朝太康三年（公元282年）建造于洛阳七里涧上的人桥是已发现的我国历史上最早的一座石拱桥。到了1965年，河南省新野县出土的汉代（东汉中期或晚期）的画像砖刻有单孔拱桥图……此图证明，我国至迟在东汉已有拱桥。"[2]作为拱桥雏形，"多年来出土的两汉古墓中有大量的拱结构，也为今人研究古拱桥提供了很有价值的旁证"[3]。以上仅是中原拱桥的发端。而古代巴蜀虽然"创立了栈道和索桥……这些东西决不是中原文物的复制"[4]，而且造桥时代又在中原之先，"是在战国时代秦并巴蜀以前早已就在四川建设成功的工程"[5]，但是石拱桥在巴蜀和荆楚始于何时，还没有确实的证据。不过，在两汉时代和中原同步的石拱雏形墓室已经出现。"四川省德阳县黄许镇的汉墓在拱圈之上砌有拱伏，这也是其后的石拱桥常用的砌法。"[6]而在巴族居地重庆，

"江北区 70 中学校园中发现了一座东汉墓，拱圈是并列式的，相邻两列之间凭伸臂悬砌，以加强联系，由此可看到后世的拱圈悬砌法的滥觞"[7]。近现代考古发掘中沿长江下自荆楚，经三峡，上至巴渝，于五六百公里的大江两岸都时有汉墓发现，其拱圈做法，或为砖圈，或为石拱，不少正处在库区淹没线上下。由此推断，巴族居地至迟在汉代已具备了建构石拱桥的技术。

巴楚之地，沟壑纵横，河流密布。为长江支流者多南北流向。历史上除长江干流作为主要的交通水路之外，与其并行的左右两岸广大地区，沟通巴楚、秦巴及相邻城乡的陆路交通设施多被今人忽略。尤其巴楚间，自古陆路往来，是否存在石拱桥的研究至为鲜见。或以栈道索桥一言以蔽之，或遇河流以舟船渡之宽释。难道仅索桥、梁式桥？的确似乎宋以前尚未发现过石拱桥实例可资考据，然是否因此就可断言这之前巴楚地区就没有出现过石拱桥呢？刘敦桢教授说："元、明以后，桥面以下结构，大多易木为石……盖木植难久，又易罹火，况取材匮乏，其与石圈桥之发达，俱不失为隆替之主要因素欤？"[8]此说明了两点：一是以石代木建桥为元、明后的主流。二是元、明以前石拱桥在中国不是普遍现象，自然包括巴楚地区。恰离涪陵蔺市龙门桥不远的蒲江乡碑记桥，"建于南宋绍熙甲寅年（公元 1194 年）"，"为我省现存最古的桥梁"[9]。此况至少佐证，川东地区（包括三峡库区）为巴蜀、三峡荆楚之地之先建石拱桥的地区之一无疑。况古桥尚存，必有其量作为淘汰基础。此次测试淹没区所见所测石拱桥，其量之巨，国内罕见。此亦同时显示三峡地区的石拱桥，无论量与质，均集中代表了巴蜀、鄂西石拱桥的共性与个性，亦即普遍性和典型性。所以，往后再通观川东、鄂西石拱桥，多为明、清之作，其历史稍后也就不奇怪了，然而它们是此地区最古老的桥梁，其弥足珍贵亦在此处。

三峡拱桥多为明、清之作，似还有以下因素。

一、明末和"清朝前期，四川先后发生过几次规模涉及全省性的战争"[10]，必然毁其桥梁。

二、各种自然灾害亦毁掉部分桥梁。

三、清以来"经济的繁荣推动了四川驿传的发展，康乾时期大量外省移民前往四川的通道，都是沿驿道入川"[11]，包括沿长江两岸的驿道。譬如："东路驿站—万县—云阳县—奉节县—小桥驿—至湖北之巴东县一百里。"[12]

四、清以来，沿长江干流、支流两岸都是发达的农业经济区，必然加强往来。

综上所述，以史料比较三峡石拱桥考察实况，两者是基本吻合的。至于民国年间的石拱桥，跟清代一样，或为当地权财显赫人物所主持建造，或为乡里士绅民众共资共建，亦是政治、经济、交通等诸多方面需要促成的，尤透露出几千年建筑历史发展中优秀的方方面面。以孤立静止的眼光论物之价值，显然是偏颇的。

"石拱桥一直是我国特别重要的一种桥型"[13]，是"形成中国文化史上的里程碑"[14]。它的核心是圈拱做法。自"汉墓中有并列式的拱圈与纵联式的拱圈"[15]做法以来，就影响着石桥的拱砌技艺，四川地区汉墓多有上述做法受其影响的古拱桥"多为半圆形拱，少量双心拱，弧形拱较为少见"[16]。不过，在拱形上三峡淹没石拱桥和以上结论有很大出入。据对淹没的7座典型石拱桥的实地测绘和计算，清以来，三峡地区的拱桥不仅几乎都是双心拱，少见半圆和弧形拱，而且在圈拱做法上更是拱石纵列交错的纵联砌置，即纵联式拱圈，而少见并列式的拱圈砌作。虽然施工时须有满堂脚手架，但这对桥的综合整体性起到很好的调节保持作用，并产生简洁大方的外形视觉效果。这无疑是继承了石拱技艺优秀的方面。再则，"北方清官式石桥圈洞不是半圆而是近于尖圈式样，也即是双心圆拱"[17]的现象。据实测以比较，三峡石拱桥虽然受到中原文化影响，多为双心圆拱，但又不是亦步亦趋面面俱到的模仿。它恰又是两圆心较为靠近，近似于半圆的砌置，故极易造成"半圆"假象。像陆安桥、述先桥、安澜桥即是如此。此类桥矢跨比多近似二分之一，属陡拱一类，且全都是无铰式拱圈。这是和"明清石拱桥大多是有铰石的"[18]定法相悖的。无铰式是比多铰式省工节事之法，它基于川东、鄂西地震、地质、水文诸多情况而产生。加之桥师们采取了凡拱石相互接触面以比较粗糙的堑刻痕迹相叠压，中间填灰浆的折中办法，因此，此类无铰连做法找到了生存的土壤。清官式诸多做法上，三峡拱桥都有不同新鲜之处，像"内圈石即圈脸石内的圈石，高略低于圈脸石少许，宽按高十分之六分，长按宽二倍"计法[19]，以及圈石大小的尺寸规定等。三峡拱桥多有我行我素之状，如内圈石的因地、因材制宜，尺寸或长或短，并不因此就影响了各条拱石沿横向形成的整体，造成了内圈石的紊乱状态，等等。

这就反映出石拱结构技术浓烈的地方色彩。整体而论，拱桥和其他诸多宗祠、寺庙、民居一样，对中原文化融汇中有嬗变，继承中有发扬，构成了颇具特色的区域建筑文化现象。

一般认为，像三峡石拱桥实腹式的构作是拱上建筑对主拱圈的支持，起到巩固和加强的作用，这是无疑的。然而在这些拱桥中，无论实腹式、空腹式，对进一步做出这种支持的桥面宽度均令人惊奇地宽大，和临近桥的狭窄的街道、乡村石板路形成鲜明对比。它和川东房舍空间尺度均大于川西平原房舍尺度同构，在平地甚少、天窄地窄的三峡山区尤显突出。这使人感到除了上述作用，桥面的宽大还给今后诸如增建房廊、桥庙、牌坊、碑石、雕刻等桥上附属建筑留下可施展的余地，更不用说桥面之宽敞、高朗，实质上起到一城一乡的文化中心作用，因为有桥，这些城乡才产生了一种建筑独具的凝聚力。以龙门桥、安澜桥、明镜桥、陆安桥、述先桥5桥为例，最宽者明镜桥10.1米，最窄者安澜桥7.3米。不仅如此，上述5桥还分别代表了平面、凸曲面、凹曲面三种不同桥面型，尤其是万县渡乡明镜桥的凹曲形桥面，实属国内少见。这3种桥追求宽大尺度是桥师们从巩固加强拱圈的作用出发之外，还充分考虑了长度、引桥、矢高、桥高、跨度等相互间的作用力关系，更可贵的是把精神因素纳入结构构思设计。这是三峡石拱桥的共同特点，使得上述诸桥不仅具有长效的物质功能作用，譬如龙门桥上行马车，其他桥上行人，而且发挥着一方人文景观的文化作用。这是现代桥梁设计很值得借鉴的。以上还同时说明了过去以桥上附属建筑诸如雕刻、碑石等取代桥本身通过结构、材料等表达的文化内涵的偏见性，应该说两者都是桥文化的精粹，只不过后者显得隐蔽一些。前者因具象的可描述性强，招人眼目，易于口碑，所以往往遮掩了桥体本身所蕴含的以技艺为主的设计、结构文化。我们再以桥高与引桥长度而论，在三峡支流河谷深涧上建桥，平肩桥往往桥高一寸，引桥就长一尺。这就不大同于在宽河谷上建桥多有行船、洪水泄导考虑，而三峡诸桥，除了洪水泄导，多数陡拱桥下是并不能行船的深涧浅溪，之所以非要做一个平肩桥的费事工程不可，除工程要求之外，似还有山区人渴望平地，减少两岸陡坡的生理、心理平衡作用。当然，得一"平地"不易，于是派生出桥面建筑和不准在桥上打场碾谷诸多桥约桥规的发展和约束，如安澜桥的桥约。另外，驼峰似的陡拱桥在寻求拱顶"平地"上也有此理，只不过"平地"少一些。显然这是特殊地理环境中建桥所形成的文化氛围，且有巨大数量集中于一区域，在国内就罕见了。更有连接城市乡镇的拱桥，它们"在总体布局上常常是组成城市或建筑群的重要元素。在设计方面，桥和房屋建筑相结合是中国桥梁的重要特色"[20]。这种特色在三峡地区乃至国内堪称典型。半个多世纪以来，不知引来多少科学家、建筑家、艺术家的绝口赞美，李约瑟、茅以升、梁思成、李可染、张仃……说它是完美的组合设计是一点儿也不过分的。试问，单从城市美学价值来看，从桥与城市、建筑的配置，其密合得天衣无缝这一点着眼，有哪一个地方比得上李可染大师描绘的"万县三桥"（一桥已垮，另包括将淹没的万安桥、陆安桥）那样淋漓尽致令人叹为观止，从而使"万县三桥"享誉全世界？须知，此论不是以艺术再现代替桥梁本身和城市布局、建筑配置方面的科学价值，然而终是科学的、巧妙的、独特而有创造的布局和配置，加上桥本身的优美结构和形体，方能引起艺术家敏锐观察力的青睐，这种精神与物质关系是包括马克思在内的国内外古今哲学家们一致的共识。所以，高妙的桥作总是科学和艺术的完美结晶。以上仅"万县三桥"而论，若上面的大师们有幸深入到三峡支流里一睹其他桥梁风采，相信他们会留下更多妙语和佳作。

中国桥文化，除桥与城市、建筑关系之外，中国桥梁之父茅以升教授用优美文笔把桥与山水，桥与园林，桥与历史、人物、神话……描述得精彩绝伦，并得到了毛泽东的称赞。三峡石拱桥处处散发着这种文化的温馨。这里首先是石拱桥优美的圆弧拱圈以其他物质形态不可比拟、不可取代的造型和环境造成强烈的反差所产生的结果。因为无论建筑与自然，不是规范的直线就是随意的曲线，所以一旦有圆弧线出现，大地的点、线、面的造型关系立刻就丰富起来，适成视觉的"众矢之的"，极为引人注目。引人注目的热点，就是繁衍特定的物质与精神形态的中心。围绕它或延伸出桥庙、碑志、雕刻、牌坊、房屋、树木……或滋生出传说、神话、故事、戏剧……而物质与精神形态的相辅相成，尤其是著名的有特殊意义的长江三峡河谷地带，在这种文化的渲染上显得别具一格，充满了浓郁的区域色彩。三峡石拱桥首先是以纪念性、祈祷性二点为核心内涵所展开的物质精神形态表现。过去是凡有桥皆有庙、碑，如龙门桥的鲁班堂、安澜桥的观音寺……前者供奉鲁班以颂扬建桥人，后者祈祷观音以保桥平安。因此，围绕桥生发的宗教气氛，在这一地区，凡可资借奉者皆可成神，如川主庙、龙王庙、土地庙、山王庙……庙址选择多在桥两头轴线上或桥中两侧，碑志或立于庙内庙外、桥中侧，均使人强烈感到有风水师的参与。更有甚者，把封建时代作为社会规范最高准则的道德、操守纪念建筑也大规模地搬上桥面，亦实在是桥建筑的奇观。龙门桥有节孝坊两座，德政坊一座，分别为当地李舒氏、曹姚氏，和支持建桥的时涪州知州濮文升所建。牌坊选址，历来殊为讲究，能赐建于桥面不仅是烘托桥梁的艺术气氛，更是昭示封建秩序的神圣，能选址于桥，足见桥梁在全民心目中的地位。还有一个桥上雕刻，亦是该地区石拱桥的一大特色，分圆雕、镂雕、浮雕多式。内容以龙为主，兼以狮像、麒麟、鳌鱼、鱼龙、蟾蜍、净瓶、石敢当、夏得海、"龙凤呈祥"、"班超上书"、"文武官员"等内容。有的一雕多刻。如龙门桥雌雄二龙，头身为圆雕，龙身圆雕外还精于镂雕，其形体表面又饰以浮雕。更耐人寻味的雕龙分雌雄，则是其他地方的龙造型上少见的。鬣尾者为雌，鱼尾者为雄，前者头径粗65厘米，头高340厘米，头尾分别伸出桥栏170厘米、214厘米。后者头径粗60厘米，头高310厘米，尾高310厘米，头尾伸出桥栏的长度与雌龙略同。二龙头尾各重达20吨，如此巨大的龙体是如何镶入桥体内，又如何寻找重心点的，经反复推敲仍还是个谜。不仅如此，在龙的形体塑造上，头与身的比例皆不同于川中和国内一些地方。在涪陵、万县一带形成的龙形象的共同特征是龙头比龙身稍大，近似于川东民间流传的蛟龙形象，蛟是由蛇变龙的过渡形态。里面是否蕴含着巴人蛇图腾的遗制尚待考证，不过川中其他地区，譬如泸县龙脑桥的雕刻，其龙头形态显然是发育得非常充分的，且头比身大得多。而从龙门桥其他石兽和龙本身的造型和技艺判断，塑造类似泸县石龙在技艺上是完全没有问题的。何以如此，则又是一个谜。尽管如此，但这并不影响龙体的创造性设计，龙身镂空透雕的技法应用不同于一般龙身鱼鳞形状的表现，堪称独具一格，十分可贵。至于其他石拱桥的龙雕刻和其他石兽，时间或前或后，技艺或粗或精，体形或大或小都显示了本区域的造型共性，说明是历史上延续下来并有发展的区域艺术现象。

最后还有因桥而产生的民风民俗现象很值得一书，核心是如何建桥和护桥两点。三峡地区众多石桥若用现代的眼光来看，在那个时代，生产力与经济水平都很低下，如果没有行之有效的管理机制运筹于集资、控制、疏导、分配，如此大型的石作建筑是很难完成的，何况是高质量的大型石作建筑。这里面是什么力量在支配着这一切，而桥建成后又靠的是什么维护它的完好存在和有效使用？涪陵安澜桥中栏两内侧各有一段文字阴刻在石护栏内，南侧是"近桥两岸熟土各宽口数丈以作桥基子孙世代昌炽"，北侧是"禁止石桥上一带石坝不准打粮食违者罚钱一串绝不奉情"。更有带着宗教与伦理道德色彩的口碑流传制约着建桥护桥的过程等，这些民间风俗也构成了非常有价值的文化层面，亦是我们祖先留下的一笔遗产。总之，三峡桥梁是系在三峡库区人民心中的珠宝，由于它们在诸方面突出的特色，不少桥梁在国内外享有极高知名度，在历史、艺术、文化、科学上亦有很高价值，因此，它们在全国人民乃至海外华人及西方人士中都占有一定分量。保护它们就是保护爱国主义活生生的教材，保护传统文化的存在，同时也是维护中华民族的尊严。

参考文献

[1][8] 刘敦桢. 刘敦桢文集 [M]. 北京：中国建筑工业出版社，1981.

[2][3][6][7][13][15][18] 金大钧等. 桥梁史话 [M]. 上海：上海科技出版社，1979.

[4][5] 徐中舒. 论巴蜀文化 [M]. 成都：四川人民出版社，1982.

[9][16][20] 四川省建设委员会，四川省勘探设计协会，四川省土木建筑学会. 四川古建筑 [M]. 成都：四川科技出版社，1992.

[10][11][12] 王刚. 四川清代史 [M]. 成都：成都科技大学出版社，1991.

[14] 茅以升. 桥话——喜看天堑变通途 [J]. 人民文学，1962.

[17] 刘致平. 中国建筑类型及结构 [M]. 北京：中国建筑工业出版社，1987.

[19] 王璧文. 清官式石桥做法 [J]. 中国营造学社汇刊，五卷四期 .

都江堰神谕

新中国成立后，党中央三代领导人毛泽东、邓小平、江泽民都先后到过都江堰这个中国西部偏远的小城市。此外，一些外国的领导人如印尼总统苏加诺、缅甸总理吴努等也朝圣般地来到这里。是什么东西吸引他们非到此一游不可呢？当然是都江堰水利工程这一人类治水的奇迹撩拨了他们向往的心扉。也许，他们还想从治水的思维肌理中采撷到治理社会的启迪？因为过了两千多年，这鲜活清流还是那样畅旺与浩荡，雍容与倜傥，淋漓与痛快，永恒与祥和。

川主、川王在哪里

1994 年，笔者在长江三峡腹地巫山县大溪镇做调研，镇上的王爷庙大门斜对着长江上游的西方，那是成都和重庆的方向。我问一镇上老人："是心向蜀汉呢，还是心向重庆？"老人答："全错，是心向灌县（都江堰旧名）的二王庙。"这一石破天惊之语把我逼到了无地自容的境地。王爷庙不是川主庙，怎么门向也要朝着西方的灌县呢？

王爷庙本来是依靠江河生存的人的祠庙，这些人有船主、船工、码头搬运工等。按照常理，祠庙供奉水神河伯，仰仗他能降龙压邪，保佑人在江河上的平安，所以又叫镇江王爷，正如自贡著名的《王爷会碑记》所言："镇江王爷也，能镇江中之水，使水不汹涌，而人民得以安靖，以故敕封为神灵，享祀于

∧ 宝瓶口鸟瞰

人间，凡系水道之地，在在皆有庙宇有焉。"但这是一个虚拟的神灵，似乎太遥远，而治水并主持修建都江堰的李冰就在不远，三峡的水不少就是从他的脚下流过来的。他既能治水，又能降龙伏蛟，他不是一个活生生的神灵又是什么？于是川南一带的王爷庙干脆就取名"清源宫"。清什么源？正本清源，追根溯源，饮水思源。四川江河的安宁除了李冰这个"源"还有谁呢？李冰取代了水神河伯、镇江王爷。人民内心深处是以李冰为神、为图腾而来真正顶礼膜拜的，所以整个川江水系的千万王爷庙大门无一例外都朝向都江堰，而不是朝向蜀汉之都的成都，更不是朝向重庆。这是一种世界级的人文奇观。因为祠庙分散不为人注意，没有人统筹，它们太一致了，是众心所归呀，人心不可轻蔑，静悄悄地就会把一种宗教行为推向极致。

然而，李冰就是"川主、川王"吗？

四川是个移民社会，各省移民都有自己的会馆。虽然"张献忠剿四川"杀得四川尸横遍野，终还有数万漏网之鱼，这些人便是明代的土著。笔者调查乡土建筑曾在重庆荣昌县保和乡、四川犍为县罗城镇碰到一喻姓人和一税姓人，前者老妪约60岁，后者老叟90岁。二者与我激辩高呼："我们不是远客，我们是土人，我们的先主是李冰，我们的庙子是川主庙。"四个"我们"掷地有声，铿铿锵锵，两人都认为他们才是四川人文的嫡传。我静下来一想，发现确实如此。四川各地皆有川主庙、川王宫之类的祠庙，里面祭祀的正是李冰；而湖广人供奉的是大禹，叫禹王宫；广东人供奉的是六祖，叫南华宫；福建人供奉的是妈祖，叫天后宫；山陕人供奉的是关羽，叫关帝庙；等等。虽然各地的川主庙大多比不上移民会馆的豪华，显得简陋——这恰又说明了明末清初战乱使得土著川人所剩不多，势单力薄的历史事实——然而，值得所有土著人骄傲的是：土著们咬定都江堰二王庙是他们的总祠庙，也就是总川主庙。它的辉煌之气势、精湛与富丽、高贵与典雅是任何移民祠庙不可比拟的。这就让人眼羡和惭愧了。身为四川人，我们时时在它的祥瑞气象笼罩之下，尤其岷江水系与川江水系区域之内的人，还享受着灌溉与水运之利，饮用和生活之便，洗涤与玩娱之趣，精神与智慧之乐。如此美妙景况，首先王爷庙发生"政变"，一些庙内请下河伯，换成李冰。一些佛寺、道观也把李冰请上了神坛首位，号称儒、释、道三者合一而叫川王宫。各建筑虽然各祀其主，但从没有敢有微词轻蔑李冰者。两千多年来，任何川人皆不由自主地剥离原来的偶像，心底转而崇拜李冰，进而还影响到全国。二王庙总是香火旺盛，游人如织，贵贱不分，地位不分，肤色不分，一切人在它面前不敢称王称霸，因为它真正创造了一个词：永恒。

笔者舍下便是蜀汉丞相诸葛亮先生砌筑的九里堤，不过是一弯府河的修补与疏浚。后人也在岸边建了一座诸葛庙以表达对他的尊敬。人们是真的全心全意在对诸葛亮顶礼膜拜吗？恐怕更多的是诸葛先生对一个水利专家尊严的维护，以及这种行为更能让人肃然起敬的宗教性认同，是以臣民和战士的名义，对永恒的承接和守望。由此，我感到"川王、川主"的无所不在。

历史与神话在这里不期而遇

英国牧师托马斯·托伦士在1920年写了一本小册子，叫《羌族的历史、习俗和宗教——中国西部的土著民族》。他在书中写道："伟大的禹王，这位把中国人团结在一起，组成了一个基本牢固的国家和以水利工程建设闻名的人，于公元前2205年出生于蜀西羌域内的石纽山。公元11世纪那里岩石上的铭文记述了这段事，那里的路旁尚为其母建有一座庙。"这就是都江堰岷江上游几十公里处大禹的故乡，也叫刳儿坪。关于开天辟地、浚畅中华大地水患的民族英雄的种种美谈，仍在都江堰至汶川岷江河谷间流传。甚至有风水家说，每天定时于下午一点到两点，发端于都江堰向岷江河谷上游劲吹的"午时风"，是李冰的灵魂在向治水的先魂问候。此风一吹就是2 000多年！不信你就到二王庙的脚下去体验，以大门为界，下游无风，上游有风，越往上风越大……正是水生风起，水生金、金生水。金的气化，乃是紫气，是吉祥福祉之气。

继大禹治水后的2 000多年，李冰选准都江堰再治水，是否受到大禹治水的启发？是阴差阳错，还是一脉相承？是必然还是偶然？是历史安排还是天成之合？是师承还是自通……为什么世界级的中国古代两大治水豪杰会在岷江上游同一江段超时空相遇？4 000多年来，华夏大地的此般英雄不产生在号称文明起源的昌盛的中原，偏偏把如此高等的水文明给了遥远的四川，难道真的是一种巧合？

现代考古学在成都平原的系列发现，证明长江上游以成都为中心的地区应该是中华文明的发源地之一。河流是文明的温床，"长江上游"具体为何指？自古岷江曾被认为是长江上游，至明代这种说法被纠正，偏执的川人却不以为然。所以，这又让人联想到湖广移民的"禹王宫"，大禹治水顺江而下，直到江汉平原长江中下游地区。湖广人思想深处还是把岷江看成长江上游，大禹正是沿着这条江顺流而下的。是他的治水大略造福了荆楚大地。也许"四川先民就是荆楚人，灌县之东有鱼凫之国"，说明鱼凫先人就是江汉平原人，为了感激大禹治水之功，他们溯江而上到达灌县一带，从而形成了江汉平原到灌县的一条文明主轴。所以，长江文明在某种程度上又正是以岷江上游为源头。治水总是以先治源头与上游为上策，就如当今治理长江上游水土流失以绿化为契机一样。由此反观成都平原的水网，若不是都江堰水利工程分一为千的分流，长江中下游将面临更大的威胁。成都平原水网若合并，将是浩瀚的防洪消灾的大海。湖广人深知，那是李冰的韬略和功劳，他们把功劳账记到禹王头上，实则在追溯一种事象的源头。何况大禹、李冰二者同出一处，更何况李冰已被川人崇祭为川主了，别省的人又怎能夺人所爱呢？正是"恩波浩渺连三楚，惠泽膏流润九垓"。

6月24日是李冰的生日。奇怪的是，在川西这一天也是王爷庙里水神河伯的大庆之日，还是羌族三大节日之一，在这一天人们也同庆大禹。三人三神同庆于一天，届时川主庙、王爷庙、禹王宫人山人海、络绎不绝。这是水文明的大典，各族人民参与治水的年度庆功大会，是人的智慧与江流博弈的欢宴。人民在祭祀的愉悦中，沐浴着大禹、李冰、河伯的瑰丽之光、祥瑞之气。后人不知道他们究竟是什么模样，但任何人都明白三人因水而成，因水而伟大，任何人都明白他们的故事都与都江堰及那段江流有关。

至今，不管旅游、休闲的新景区有多少，在四川盆地内，说起我们到哪里去玩，平心静气而论，大家首先想到的自然是都江堰。这种魅力不单是指山川自然景观的奇绝与优美。它巨大的强磁场似的引力，应该是自然与人文的叠加，尤其是生态总概念的完整成熟。

生态是自然生态和人文生态合二为一的完整概念，只有二者的和谐性被赋予时间的磨合与积淀，它才会产生永不消减的吸引力。都江堰岷江两岸及水利工程，无论何处，凡人之视觉所及，自然与人文皆结合得天衣无缝。而二者内聚叠加的必需的非物质文化体系，又是如此深厚与博大，它们是维系自然与人文物质体系至高无上的内驱力和凝聚力。上述所言大禹、李冰、河伯的故事正是中国罕见的水文化形态的核心，是中国非物质文化的精粹。其大气磅礴之势、精雕细琢之微，至广大、尽精微的完美，不是首选首善之地还能是其他？

生态还是历史与神话叠加碰撞的必然中的偶然。大自然这个造物主把岷江这段江流与山脉给了大禹、李冰、河伯，他们不失时机地动员羌、汉千万兄弟和衷共济，超时空地不断与灾害搏斗，把汹涌激流衍化成涓涓细流、风平浪静的缓流、汩汩的小渠、浪漫的浅滩、旁逸斜出的池塘、翻越堤堰的瀑布，甚至使之进入街道或人家后院的一泓清流时，我们才发现和惊呼，先人哪里是在做水利工程，他们实质是创造水形态的艺术大师。那些晚了2000多年的景观建筑师、园艺师，从北京、上海，从南到北才开始注意水的文化利用和研究。他们中的大多数很可能没有经过都江堰现场的洗礼和启迪，自然少了些许原真，少了些许烂漫，显得底蕴不足了。

人文与山川的顾盼

著名历史学家任乃强认为，岷江河谷是沟通中国南北唯一没有障碍的文化大走廊。拿此观点来审视都江堰，这里应该是全国最重要的文化节点和纽带。从风水角度讲，它应是成都甚至四川的水口。它和山峦构成的山水险峻地形又形成了锁钥，成为川西北乃至大西北的战略要地。用建筑学家、堪舆家的话说：此地必然有优美的建筑出现，因为它是文化的载体，必然承载浓缩山川人文信息。

20世纪30年代和40年代交替之间，中国营造学社梁思成、刘敦桢、刘致平等大批中国建筑巨匠先后来到都江堰。1939年10月9日下午两点半，梁思成偕同仁在灵岩寺做测绘，忙得不亦乐乎，刘敦桢则遍游寺观宗祠民居。对于所闻所见，刘先生言："有二郎（王）庙，祠李冰父子。外为山门3间，清乾隆间造。大殿面阔7间，进深显5间，重檐歇山造，此殿因进深大，其屋顶以二卷相连，而后卷较大，外观甚美，差足取法。后复有一殿，祀李冰夫妻，有阁道与大殿上层相同，颇类画图中之仙山楼阁。""且能利用山势，随宜布置，甚富变化，故远望若仙山楼阁。

"阡陌纵横、村落相属……至玉堂场，稍憩，附近桥梁，俱施廊屋。

"青城山……幽且曲。幽为天下之景，曲则蹬道蛇盘，引人入胜，峰回路转，异景天开，诚有目不暇接之慨。且亭阁配置，因地制宜，足窥兴造之时，目营心计，卓具匠意，非率尔从事可比。"

刘先生还对安澜桥、奎光塔、伏龙观、城隍庙、文庙、堰坝各处，以及天师洞、上清宫等做了考察。

选址于山腰和悬崖之上的二王庙和伏龙观皆规模宏大。二王庙依山傍水，面对广阔的岷江水面和江洲，伏龙观则背负江流。二者互为夹角，从鱼嘴观之庙，二者在同一视觉的两端。广角的视觉距离承前启后，左右逢源，在峰峦簇拥、烟波云树之中，使人感觉浑然一体，不可分割。这在中国山水美学的取材中，实罕见有可比拟的同例。瞬间，成都平原的低矮、平坦突然转换成了大山大水中的起伏跌宕。与其呼应者便是二者充分利用地形地貌的绝妙，或不畏陡峭狭窄，分台构筑，层层叠落，几乎直下江流河岸；或高架离堆之上，面迎激流，三面环悬崖绝壁，把惊涛骇浪、水声风声录入视听，在构架四方通透空间的同时，处处让观者不忘水的真谛、水的驯服、水的妖艳、水的灿烂。这就是大师所言的仙山楼阁的内涵。又正如古人所言，其情其境：如猛虎啸于谷风，元鹤鸣于浦月，白云生座，上拂仙香，彩云依岩，下传天乐。这真是一幅立体的天上人间、人间天上的宏阔景观。

上引诸点是想说明这样一个问题：都江堰最著名、最辉煌、最令人难以忘怀的建筑均选址在古堰周围展开。这里是成都平原的水口，大而言之，亦可言是四川盆地的水口。成因在于岷江自上游而来，汇众多溪流于此，此正是古往今来"灌口"的潜台词和原生态。这里有二王庙和伏龙观依赖的山峦对水的威镇与把持，水势又被都江堰疏导，按理有两岸迂回曲折、逶迤婉转的作用，其与成都平原交汇之地亦是山脉的起始之处，这正是水口山的吉祥之貌，实则它也构成平原转换成山地的过渡，成为山川汇聚的景观之地。因此，这里的水用像金子一般贵重的比喻以谐五行中的"水生金，金生水"的意义，从人们的愿

/∧ 都江堰鱼嘴工程

望来说是不过分的。

　　风水理论认为："吉地不可无水，吉地须观山形，亦须观水势，是风水之法，得水为上。"说的是水是大地的血脉，是地气财气的根本，农业社会渔耕、饮用、祛恶、舟楫、调解小气候之利，无不仰仗于水。所以风水师言："水飞走则生气散，水融注则内气聚。"都江堰从古到今围绕江流的构筑物，无一不是为了"融汇"，为了"内气聚"而发生。虽然它分为物质和精神两个层面去表现，但那正是中国的凡事虚实同行的特殊之处。以二王庙和伏龙观为主要代表的"水"崇拜建筑屹立于山涧和悬崖上，里面必然还内聚着丰厚的风水信息。尤其是它们和周围其他构筑物形成的空间关系、对景关系、距离关系等，如奎光塔为何选址于郊野，和水口、江流、山脉、二王庙、灌口镇是何顾盼关系？安澜

桥与南桥何以非在此处建不可？津梁渡口最讲与水口的关系，是怎样讲的？（安澜桥于1974年下移100米重建。）

西街到二王庙临江的数公里松茂古道，原半边街、关口城楼、民居、祠馆、亭阁等建筑皆同构一体，断断续续得游刃有余，缠绵多情，大聚人气财气，是天地之间的一段人间，仙境之间的一阵民俗，文化大走廊的一节序曲。

……………

还有很多谜等待人们去破译、去阐释。

飘逸的云抬师

沿岷江而下都江堰，过去是翻山越岭的松茂古道，到了二王庙至城隍庙的几里弯弯曲曲的山路，渐渐地，六百里古道的民风民俗在这里更加浓郁而厚重。

城隍庙下有一家骡马店，松潘下来的"大帮骡子"驮上布匹、铜锡器皿、清油、茶包、烟叶等商品就要启程回家了。还是从来的那条山路，经二王庙烧炷香，过龙溪场，翻娘子岭，骡帮恋恋不舍地越走越远，从草原与马尔康下来的"小帮骡子"驮着虫草、麝香、羊毛、鹿角、羌活、甘草、皮张等，也来了。本来可以宿二王庙过去不远的山弯里的骡马店，他们不宿，偏打野宿，把货物围成圈子，蒙着毛毡随遇而安。

歇客栈则高雅多了，屋檐下的红灯笼上写着"未晚先报二十八（宿），鸡鸣早看三十三（天）"或者"高人下榻，吉人停骏"之类的对联。那些著名的老板娘总是一张笑脸和过客打招呼："清一色人字呢的被面、新蓝布里子，床上有席子，显客上有官房，饮食有肉有汤……"

专门的小吃店里多是豆花饭之类的家常便饭，用胆水点的，一锅黄色豆窖水泡着既细嫩又绵软的豆花，令人垂涎欲滴。另有腊肉、香肠、酸菜、泡萝卜之类，外加时令蔬菜的点缀，一般脚夫、行客、抬滑竿的是各有选择地消费。有的小吃店还很风雅，店内装饰很有文化，因山路紧靠岷江，诸如"山水间读书处""临江（水）得智"之类的书法横幅悬挂于正墙上，透溢出一股二王庙受其濡染也沾染仙气的儒雅。一般文人多选择这些店子。若是春暖花开时节，"七里香"香飘四野，沁入肺腑，非常清脆悦耳的山麻雀叫唤声，把你一身都叫

八 清末民初在松茂古道上的云抬师

酥了。除了花香鸟语，此处又临岩下滔滔岷江、鱼嘴、飞沙堰、安澜桥的和谐壮观景观，真是有些仙气逼人。

然而，绵延弯弯、迂回曲折的山道似乎还有一股"山魂"在其间飘荡。那就是靠出卖劳动力为生的大批劳苦群众的哼唷声、调侃声在山水间萦绕回响。其中尤以抬滑竿、抬轿子、背担的最为凄然悲苦。"瓦壳壳"轿子的轿顶用竹篾编织，整体涂上黑色桐油漆，像一片瓦盖在轿子上，故轿子叫"瓦壳壳"轿子。乘此轿子者，多是老人、小孩儿和妇女。娶小老婆者或二婚嫂者也多雇用此轿，约定俗成她们是不能乘大花轿的。

抗战后，"瓦壳壳"轿子不多见了，轿坊老板大量制作"滑竿"——两根竹竿加一顶凉布篷。抬滑竿者多是安岳、乐至、遂宁的穷苦农民，他们又多染上吃鸦片的恶习，凡要启程走长路由灌县到汶川、松潘等地，他们都要先过饱烟瘾，如此才浑身有力、脚下有劲，才能行走如飞一般轻装上阵。因其飘飘之态，老百姓给他们封了一个绝妙的职称——"云抬师"。

云抬师们衣服单薄，下身着短裤，脚颈缠破布巾，头挽黑帕子，冬天滑竿的枕头边还悬挂着一两个手提敞口竹烘笼。他们一路吃住烧烟，到头来两手空空。出灌县城在玉垒关下，他们烟足饭饱，精神抖擞，十天半月下来如阴间走了一回。从松潘、茂县下来的云抬师们，到了玉垒关口，如同前述，个个黄皮寡瘦。就是如此，他们仍苦中作乐，前呼后应地唱出一溜溜内伙子行家才懂得起的"术语"，那些至今山道上还余音绕梁的绝唱：

　　　　天上明晃晃，地上水凼凼。

　　　　天上一朵云，地上有个人。

　　　　点子花（牛屎），不踩它。

　　　　活摇活（乱石路），各盯各。

　　　　黄丝缠足（乱草），金蝉脱壳。

　　　　一步一块（石梯子），谨防足崴。

　　　　黄鳝路（稀泥路），要小步。

　　　　左边有个半边月（缺口路），八月十五来团圆。

　　　　又踢又咬，逮来拴到（狗），不是你舅子，定是你老表。

　　　　前面有条地拱子（猪），打个镣环高挂起。

　　　　…………

　　骡帮、抬滑竿的、背担者、小吃店的老板娘……是这条山道上的主人。他们虽然很穷，但有时也很乐观，这就是四川老百姓的德行，是一种飘逸的美学特征。更有方家言说这是大禹、李冰性情传承下来的：吃得大苦，苦中不乏其乐。这也像那些建筑，从悬崖绝壁上建起，把屋檐伸得长长的，四角翘得高高的，临危不惧，逢险作乐。这更像都江堰的流水形态，时而急流，时而漩涡，时而浅滩，时而涓涓汩汩……

西昌的风水眼

人文大化邛海

2006 年 7 月 25 日，当我们的车子从成都往西昌出发，翻越雅安石棉县与凉山冕宁县交界的拖乌山后，映在我们眼前的是一片数十公里长的狭长平原。黄昏时分，天边是金色的晚霞，炊烟升起，这一幕让我感动不已，虽然我并不是第一次来凉山。

我忽然想起了马可·波罗，这个在中国西部无孔不入的意大利人，于公元 1287 年来到了西昌。他回国后写的《马可·波罗行纪》中说邛海有美丽的珍珠，于是西昌就成了后世淘金者、梦游者、殉情者、革命者、统治者……梦断情殇的地方。

我也想起了一个史学家和地理学家的预测：当年徘徊于大渡河畔的石达开，如果敢于叩开小相岭的大门，翻越凉山进入安宁河谷，那么这支远征的太平军不至于全军覆没。邛海和泸山将保佑他们，让他们化解散落在民间，过上自耕农的生活。这虽然只是一种民间传说，但足以证明邛海神话般的魅力和它襟怀宽广的母亲般的气度。

1935 年 5 月初，毛泽东、周恩来、朱德率领的中央红军来到安宁河谷，在 10 多天的时间里，如匆匆过客般悄然从邛海边、泸山下走过。他们怕惊扰邛海的宁静，而邛海报以宽厚的海量，没有战事，没有枪声，一湖湿润的微风送他们远行。

八 西昌平原

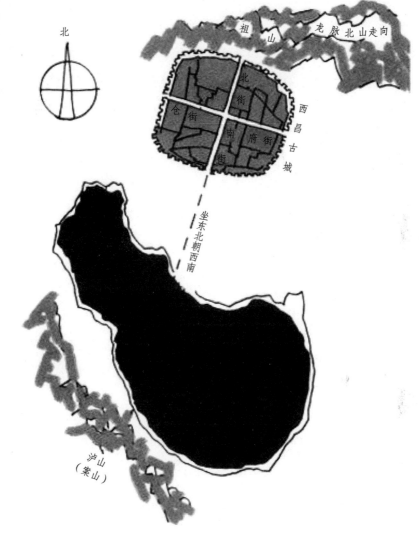

北

祖山　龙脉北山走向

北街

仓街　南街　府街

西昌古城

坐东北朝西南

泸山
（案山）

/八 西昌古城选址风水意向

　　安宁河谷，她的传奇远不止这些。

　　抗战时期，国民政府把西昌看成是中国的"战略根据地"。1935年5月19日下午，蒋介石从昆明乘飞机飞临西昌上空，从此记住了邛海泸山。1938年设西昌行辕后，西昌开始了现代化建设：机场、修理厂、驼峰航线中途站、火电厂等都建立起来。当时有一份调查报告就特别强调："安宁河流域乃中国理想之工业基地。"1939年冬，蒋介石下令在西昌开始"新村特区"大规模房屋建设。

当然那是为国府有可能再次迁动做战略准备。不过，这里就凸显了一个问题：为什么要选址在西昌？

1941 年 3 月，国民政府外交部常务次长王家桢率团考察西昌后，在《行政院康昌考察报告》中极言西昌"山川形胜"，战略地位重要。何谓"山川形胜"？简而言之，就是那里有山有水，有进可击退可守，有文武兼容利于生存发展的地形地势地貌。

回到当代，一群知识青年朝夕起卧仰止于邛海泸山、安宁河谷，得其雾霭，饮其水露，观其风云，悟其天籁，后来其中不少人成为卓越的艺术家。他们中有雕塑家朱成，油画家何多苓，国画家钱来忠、戴卫，书法家何应辉，歌唱家范竞马，哈佛学者张隆溪，文化学者田守真等，还有美丽的王小丫、曲比阿乌……2 000 多年来，司马相如、司马迁、诸葛亮、杨升庵、何绍基相继来到西昌，皆流连忘返，"游荡而喜讴歌"，开创人文初化，或成就大业，或著述颂扬，于此均得补益，终成气候。何以此地如此昌炽？山水形胜，气候宜人，自然与人文互补也；自然烘托、抬举、润泽，造就人文也。用此观点再洞开那里的山川、城郭、乡土建筑，任何人都会惊叹西昌太绝、太玄、太艳、太美。

建昌月最美

夜晚，在邛海边散步的时候，一起的小朋友忽然喊道："月亮好亮啊！"引得大家都抬头看，果然一轮明月高挂苍穹，分外明亮。然而对于他们的惊讶，我早有准备。

儿时，我听父辈侃西昌，留下的记忆只有建昌月，于是脑子里形成了一幅流动的画面：最圆、最大、最亮的月亮从凉山顶上升起来，同时倒映在邛海中，一群不归的夜鸟时而躁动，搅碎了月亮……这诗的境界、画的意境使得我此生种下了"不到邛海心不甘"的信念。

于是 1985 年 8 月，笔者带了一群大学生来到邛海实习，这也是我第一次来到邛海。我们吃的是邛海的鱼虾和鸭子，住的是濒临邛海的红漆地板的宾馆。事隔 10 多年，有一位官职不小的当年的学生对我提起此事："那年在邛海染了一水，像在恒河里净化了一样，一生都清爽，一生都洁净。"我明白这是句双关语，源出大自然陶冶了情操。

为什么西昌有如此独特的月亮呢？

有一组数字在酷暑、严寒的地方听起来如天国般温暖，很能够说明原因：全年晴好天气 200 多天，平均气温 17℃，1 月平均气温 9.5℃，7 月平均气温 22℃，全年日照 2418.8 小时，海拔 1 500 多米，春秋季长近 10 个月，年降雨时 1 000 毫米左右……这便是安宁河谷中段、邛海边上的西昌的气候。如此晴朗又温和凉爽的天空，必然造就奇特的自然和人文景观，必然造就它迷人的月亮——"建昌月"这一天堂般美妙的别称。

邛海和月亮又有什么联系呢？她们真的这样美丽和神圣吗？

邛海是一个因地震形成的断陷湖，最深处有 30 米，面积约 31 平方公里，是四川省第二大自然湖。奇怪的是，它恰巧在西昌行政区的中心位置，北有大小相岭，东有大凉山，南有螺髻山，西有牦牛山，都是海拔 4 000 米左右的山地，都向着它俯身倾斜，水系向它合围，目光向它聚集，人流向它靠拢，钱财向它流淌……这不就是一个活脱脱的聚宝盆地形吗？彝族同胞有传说言：邛海就是地上的月亮，金子般的月亮。阴阳五行中，金同水，二者不相克，水同时也生金。所以天上的月亮特别大，特别亮，特别圆，原来是用金子铸成的，它就是天上的邛海。怪不得，一年四季的夜晚总是看到邛海满湖的月光碎影，就像聚宝盆装满了金银一样，在那里微微荡漾，并给人以财富的启迪。

在这洒满清辉的月夜，笔者忽然悟到：古人到处传颂建昌月有形有实，和云南贩卖苍山洱海、四川贩卖九寨山野又有什么区别？凉山很早以前就开始把建昌月和邛海、建昌鸭、建昌马、建昌板（一种优质杉木材）、建昌鸡枞等一起打捆推销了。古往今来的建昌人充满智慧和自信，甚至结成建昌帮，把信念和理想也打捆向外传播。近 300 年前，清雍正时把建昌改称西昌，然时至今日，老人们仍言必称建昌。名字改了，它的原生态和美丽月色却依然如故。今西昌人仍在邛海边的清风拂面之夜，独享那月缺月圆的浪漫和神秘。

西昌古城山水相变

几天之间，我们的脚步遍布西昌的新城旧址，感受西昌的巨大变化。但作为一个建筑学者，我认为，西昌还有它根本没变的东西——西昌的城市格局，而城市格局得从老城说起。

西昌古城为什么选址在邛海的东北方而不是其他地方呢？譬如，邛海的正东方、西方、南方。那些地方照样在邛海边，且都有宽阔的平地和丰富的水系。从先秦至今，西昌几千年不变。历史上几多战乱，几度兴废，西昌的城市格局不改初衷，一往情深。至今，城市街道仍是较完整的明清时期格局，让人遥想起北京、南京、成都、阆中这些悠远沁芳的名城。

西昌能和这些城市相提并论吗？其实，从传统文化经营治理城市角度而言，它们都是一样的。我们说中原文化，其中城市的发生和发展在选址和格局上，古代中原城市如殷商时代的商城（郑州），它的选址和格局同西昌明清以来的城池又何等相似：城市整体都夹于两水之间，如西昌的东河和西河。不是正南北置城，而都略偏向西南，主干的南北轴线即正北街与正南街也略向西南偏15°到30°，上述也和北京、南京、成都、阆中等名城同出一辙。这足可证明，西昌在城市建设文化上的正宗，相隔数千里，历史空间脉络历历在目，同时也说明中原文化对上述城市的影响。

不仅如此，由于有山有水，山川环抱，西昌在风水、阴阳概念，儒家哲学思想，封建等级制度，规划布局艺术，水系经营融通，公私建筑布置等方面，亦充分地体现了传统城市建设的区域个性。

如果以明清古城的正北街正南街为轴线，那么北面的北山是西昌的主山，红毛梁子（海拔3 458米）为少祖山，小相岭之太黄山（海拔3 505米）则为西昌的祖山了。如此形成的连接祖山、少祖山及主山的山脉，正是西昌龙脉所在，而龙穴之地，亦正是祖山之前，山水环抱的中央最佳人居福地，即西昌城基址。从风水大格局而论，西之牦牛山应为白虎右臂山地，东之次儿皮山则为青龙左肩。水口山则在邛海之南的大箐和海南之两侧。如此便构成了以邛海为中心的山水大格局。

在风水中，人们还重视"朝案"的意象。所谓"朝案"，即城市正南必有案山和朝山。案山一象，西昌最为佳妙，此即泸山在西昌山水格局中所起的举足轻重的作用。尤其泸山山脊形同笔架有三峰，山是文笔即笔架的写照，它寓意儒家在社会治理中的崇高地位，同时牵制全城人心以崇尚儒学为荣，比如学而优则仕，寓意"发科甲"，读书最高尚等。更实际的是它和北山构成辅线并诉诸街道，在东西南北街道交叉口的十字交接节点上构筑四牌楼，以应对风水"天心十道"意象，从而以四牌楼为中心，把城市划成南北两大块。仓街和府街以北公共建筑居多，如宗庙、社稷、府衙之类；以南则多民居、商铺之类。所以"以北为尊"，甚至北面地形都要高于南面，同时又不阻挡城区与案山的景观关系，即所谓占尽天时地利，是历代统治者占据优良的物质条件和精神条件的地方的又一佐证。诚然，北高南低的地形，在科学上便于排水、防御、日照、规避北来寒潮。

城市与案山之间的大水系，无论河流与水池，即东河、西河与邛海，都遵循"得水为上"的水德。水为"地气""生气""血脉"，它是渔耕、饮用、去污除疾、舟楫以及调节小气候之根本。"水深处民多富，水浅处民多贫，水聚处民多稠，水散处民多离。"风水几千年为民倚重。

水质好的地方少病痛和风水说相合。当然，"水能生财""水生金"的五行观念也许迷信，即"金城环抱""金带缠腰"之谓显得有玄机。那么，有水有山，城市在中间，阴阳环抱而干湿平衡应该就不是迷信了。西昌就是这样一个"阴阳生万物"的绝佳环境。尤其是以邛海为主体，东西河环护，万家水井构成的点、线、面水系关系，在中国是绝无仅有的。现代城市规划若高度重视这种关系，进行高水平构思，西昌将出现极其壮观的千变万化的水形态大观。加上它由北向南的坡地高差地形，为景观塑造提供了天然条件，长远而论，立足第三产业发展，西昌必昌炽于西部，响亮于中国。

陈家大院的邛海情结

我们在考察西昌城区的时候，有人推荐说，邛海边有一个陈家大院，你们一定喜欢。车子出城数公里，在山脚下，我们果然见一大院，主人当然姓陈，

/八 陈家大院

接待员和讲解员很是热情。

要说陈家大院，还得从西昌的整体风水布局说起。

四川城乡民居，自北向南，北以阆中历史文化名城为代表，南以西昌历史文化名城为典型，皆讲究坐北向南朝向。尤其是顺以城市坐东北向西南略偏的所谓"挂四角"吉向，实质是为获得更多日照等诸多利益。但阆中及川中其他城市都缺少一个朝向对景因素，即没有一湖大水夹于案山与城市之间，而与整个城市发生视觉及心理关系。

西昌城区及附近郊区，自然条件得天独厚，以邛海为对景，或与泸山相偕称"胜景"，称朱雀，称"金城"。邛海与城市之间原空旷的田野又称"名堂"。这种地形地貌在中国确实不多见。这种景观广泛地被西昌公私建筑纳入建筑设计视野，独到中又蕴含常理，今存者已凤毛麟角，唯存的一处，就是我们今天看到的位于川兴镇高山堡的陈家大院了。

据主人介绍：陈家大院是清乾隆年间选址于距邛海边约5华里的斜坡上建造的，初占地100余亩，有近300年历史。

当时正是阴阳二宅风水相地的滥觞之际，是清廷弘扬汉文化鼎盛之时。建筑为文化载体，自然被抬举到相当高度而无以复加。陈家大院借泸山作案山，借邛海作朱雀，用心当属当时西昌建筑的一般之举，于是舍去本该在民居前挖月池（池塘）作为补景的行为，而以邛海天然湖泊为对景，此正与风水中提倡的尽量保持原初自然精神相符。如果不顾及这一点而挖池补景，则多余并与邛海冲撞，于情于理皆不能成立。加之泸山作为案山，正是在邛海边上，方位也为西南，两相叠景，完美达成案山与朱雀一项的浑然天成。就单纯宅前景观要素而言，陈家大院完美无缺。

然而，为什么又要距离邛海那么远呢？当然，水患、自家田土远近、生产方便是客观原因。二风水中对于宅前广阔田野自古有"名堂"一说，谓之名堂跑马，开阔之地利于心胸舒展，容得下驰骋天下的思维，同是风水中选址择基的要义。湖大山大，逼得太近筑城建房则有大山大水逼仄之感，久之必压抑人心，不即不离既得中庸精要，又可畅达情感。这实是传统文化几千年实践所得，反映在与大山大水亲近的远近尺度上，显得非常合理。这也是西昌为何不临湖而建的深层原因。自然，个体的民居也群起效仿，这就使得邛海与城乡建筑外围出现一圈良好的由湿地、河流、草丛、田野构成的原生态保护层。而"名堂跑万马"这样的优质环境，必然造就多生物共生的神圣天堂，同时也为附近的居民提供充满想象力的空间。

陈家大院得此环境，把原本两兄弟共两个相同庭院的空间并列一起，合二为一，在两个大门前做了统一合围，并建一大龙门统筹，寓意同心同德，共向一个案山与朱雀，共同面对泸山与邛海。山水之形于是形成了家族团结的企盼和愿景，既解决了分家立户建宅各持一轴线，各具一香火的"异常"，又合而并之达到了心往一处想的愿望。尤其是把香火提升到堂屋二层之上，以楼房作堂屋设香火，在中国是很罕见的。一般是次间、稍间作二层，堂屋必须是一层。陈家大院把香火设在二层，恐怕也是有高瞻远瞩好观邛海的想法。自然之功虽然缥缈，但借其美妙诉人愿，正是国人崇尚自然、保护自然的高德。房子是私家的，山水是公共的，又培养了人的品德和情操。

当然，借对景泸山以借案山，尤其借起伏的峰脊偕比笔架，制造儒学为尊，以中为尊的气氛，并以中轴线贯通祖堂香火，达到情景交融、虚实相生，不仅巩固了家族文化的传承，规范了家族的儒学道德，更鼓励了崇尚读书、报效国家的人生观。在我们的考察采访中，陈氏主人自豪地说，陈氏家人以从军、读书为荣的家风为国家培养了大批人才。我想，这也许归功于陈家大院建造者的先见之明吧。

陪吴冠中先生大巴山写生记

　　1980 年 3 月，大巴山深处还残留着斑斑点点的积雪，时正花甲之年的吴冠中先生应邀来到当时名叫达县地区的达县市讲学。地区文化局专管美术的邓泽纯和我一道要了一辆老式吉普车到火车站去接他。我们没想到，吴先生是一个矮小清癯的老头儿。随行的西南师范大学美术系的老师们扛着吴先生的油画器材装备，有画板、画架，尤其是装画布的金属圆筒又大又粗又长，它使我心灵一震，产生一种小老头儿的瘦小与圆筒的粗大的对比，老先生平时扛得动吗？

　　吴先生源起重庆西师讲学，是与西师花鸟大家苏葆桢的教学交换。我知道此消息后，就嘱咐正在西师进修的老师邀请吴先生来达县师专讲学，想不到学校领导怕惹事，不答应。我转而求助于地区文化局、宣传部，结果得到支持，相关负责人还迅速通知全地区各县相关部门美术干部星夜兼程赶来听讲座。课堂设在地区行政学院楼上，宣传部部长扈远仁还专门做了开场白。

　　吴先生讲座的题目是"绘画的形式美"，共有六个方面，诸如"美与漂亮""创作与习作""古代与现代""东方与西方"……"美与漂亮"给我印象最深。他说满身虫蛀蚀小孔的佛像木雕，与材料贵重、华丽，内容如开膛破肚堆砌的大瓜小果、瓜叶瓜柄相比，前者是美丽，后者是漂亮……还有先生的板书，黑板上的粉笔字写得大而工整。我才忆起他同时也是一名教师。他个子瘦小，然而字写得很大。我默想这又是一个大与小的谐比，一种孕育着胆识的大师的学者美丽。

　　遥远偏僻的大巴山区迎来了一位惊世骇俗的当代大家，可谓有史以来第一次，他下来后，大家都争着陪他到万源县山区写生。最后除了西师作陪的老师们，达县还去了我、张尔立、秦文清。主要选点在万源县的庙坡乡，那里山壑纵横，色彩丰富，人文神秘，是一个风景佳美的秘境。

春寒料峭的巴山三月，山顶的积雪还没有完全融化，大巴山呈现出白色小块雪斑与褐色泥土的配置貌。吴先生便发现这种美的大自然生命现象和生物之间的联系，他说极像豹斑，山脉体态肌理与豹子的躯体外形肌理也近似。冬去春来，枯老衰荣理应是同构的，绘画审美应该寻觅最能表现这一特征的表象……怪不得吴先生开始写生前，总是东看看，西瞧瞧，过好一阵子才落定画架，画到一定程度，他又在挪动……刚一到庙坡，吴先生便迫不及待地赶到山脊上，沉浸在自然怀抱中，先饱览最先进入眼帘的美色，再浸润诸多最具审美特色的物象于一炉。这就是他文章中所言之东找西寻论，作品效果正是在似与不似之间。

吴先生穿一身粗纹咖啡色灯芯绒衣裤，常言怕麻烦别人，在外写生，有时不洗脸、洗澡，不洗衣服也是自然的。吃的方面，他早晨出去一画就是一天，晚上回来，就是上下两顿饭，中间六七小时只是精神饱餐。一天中午，在山上，我去叫吴先生吃午饭，他说不吃了。我又问同行的几位青年教师哪里去了。先生说不知，只听人在说"鸡，鸡！"明白了，他们上农民家买土鸡吃去了。后来我竟然没有邀请先生一道或带一点儿给他老人家。须知者，吴先生正值花甲之年，我等小辈才30岁左右，这样做无论如何我们都说不过去。我真是惭愧了一辈子，直到现在还愧意未尽。

写生期间大家都各择所爱，分散在较远的地方，都是画风景，有油画、水粉、国画等不同形式。吴先生选择的是油画。开始时大家围着他看一会儿，随即分开。快到傍晚时，大家都回到驻地摆开一天的画作，请吴先生点评。虽然都是高校美术专业的教师，甚至系主任之类，但在先生面前大家仍然是学生，恭恭敬敬地聆听着先生犀利独到的见解。

吴先生没有赞美，没有敷衍，也没有批评，他的核心思想是：写生也不能全照搬自然，要善于发现你认为最美的地方，并组织自己的语言去表现……绝大部分写生都被吴先生诚恳否定。记得点评到我的时候，由于我画的是水粉，一天下来多达五六张，几天就是十多张，吴先生共挑出三张尚还有点儿道理的来说，认为较完整的也只有一张，那就是一棵幼年开白花的梨树迎风飘花，深绿背景衬托一种单纯。吴先生说我画进了诗意，并找到了表现这种诗意的形式和色彩。后来我把此画收进《季富政水粉画》集中，为此很是惬意了一阵，爽了一天。20多年后，我看他的散文集《沧桑入画》，其中有一篇《初恋》说到白色，"……感到很美，梨花不也是青白色吗"，我这才有些醒悟。他继续写道："对白色亦感分外高洁，分外端庄，分外俏。"原来他对白色有着深层的苦恋，苦恋着他最初的恋人。（恋人是一位白衣护士）

吴先生就要回重庆西师了，我请他到家中吃顿饭，作陪的有地区新华书店美工张尔立。初创时期的达县师专教师宿舍还是青瓦竹编夹泥墙的工棚，也没有吃饭的桌子。我们把五层板画案堆起权当餐桌，吃的全是乡土野菜、野鱼。吴先生大呼"真好"。记得1980年的原生态野菜有折耳根、野葱之类，野鱼有泥鳅、黄鳝之类，配搭的菜稀饭，吴先生不喝酒。那全然是一桌四川边远山区的平民家宴，一席没有掩饰、没有做作的真正便餐。在这样的场合，吴先生慢慢进入家常话的境界。

他知道我是重庆沙坪坝人后，很激动，说他青年时代在那里度过了7年，并和湖南籍的妻子结婚；重庆大学留给他深刻印象的有嘉陵江边的滨江路，盘溪的徐悲鸿美术学院，杨廷宝设计的工学院和理学院……

多年后，一直有人问我：你和吴先生相处数日，咋没有向他要一幅画呢？说实在的，我一辈子都没有向谁要过画，包括和我关系十分好的老师苏葆桢和诸多大师级的恩师，然而不少人都有苏先生的画。吴先生据传是不送画给别人的，这次去大巴山，听西师美术学院的老师说，也只送了一幅速写给一位老师，不过是复印的，最后在上面签了名字而已。这使我想起他烧画的传说，以及把画赠送给新加坡博物馆的豪举。

吴先生是对的，如果把画都送了，更多的人就看不到他的艺术了。还有送画，艺术的神圣就没有了。若你不出名，多数人会把你的画转身就当成废纸或垃圾，实则是在践踏艺术。吴先生做事似乎铁血，实则在坚挺地捍卫艺术的高洁，他太高远、太伟大了，真的就像他的作品。

后 记

　　"四川民居如其百姓，巧妙中见幽默，创造中擅融汇。因百分之九十几的人口均是清初各省移民而来，同居一盆地之内，共取南北风格，结合本地气候、地形诸多特点，逐渐演变成巴蜀文化一个重要的侧面。观之令人回味，思之令人遐想。这是祖先留给后世的一笔巨大财富，也是一块刚刚开掘的处女地。作者十多年来，浪迹巴山蜀水间，常被一些小镇乡间的优美住宅所激动，流连忘返之时亦常借宿于此，更发现除建筑本身之外，围绕着它的居然还有那样多美丽的故事。也许这就是建筑文化中一些最活跃的生命因子。这种生命力已经延续了五千年，至今仍然旺盛。这是否是中华民族独立个性的顽强和坚忍呢？区区土木结构，苍苍砖瓦之躯，竟有如此多的名堂！我们只采撷几朵小花，便可闻到奇异的清香，中国建筑文化的广袤山野该是何等的沁人肺腑。"

　　"四川是一典型的盆地地形，四周的高山使得四川形成了独特的巴蜀文化，肥沃的丘陵性平原则让四川成为富庶的'天府之国'，而反射在建筑方面，则是丰富多彩的民居风貌。"

　　"有人说，民居是没有建筑师的建筑，但也是最人性的建筑。相较于规范严谨的官式建筑，民居往往更能打破封建社会观念束缚而呈现出令人耳目一新的多变风采，说民居是建筑类型中的一朵清新小花，是一点也不为过的。"

　　上面是台湾《汉声》杂志第 67 期发表我的《手绘四川民居专辑》中的一段前言摘录，今作后记。话本已说完，殊不知此时我的脑海撞入一张笑脸伴着一句问话："你为啥子喜欢这些破房子？"那是 1993 年 11 月，四川电视台邀约拍峨眉山民居，一个车老板在途中的调侃。这是一个麻麻杂杂不易一下子说清楚的问题，我随口回答了她一句："大概是从小没有房子住的原因吧！"我没有杜甫"大庇天下寒士俱欢颜"的高尚情操，只是常在巴蜀山水间游荡，发现好多房子都非常安逸，厚着脸皮进得屋去，通达者融融以待予之详述，刁横者劈头臭骂我一顿。这里面也可以划一个95%，即仅有5%的余数对过去有些名堂、有点儿味道的房子提不起兴趣。包括很西化的青年也觉得：我们中国的房子不要看它烂，总有好多道理在里头。我想这就是建筑文化极具本质意义的层面。瞻前顾后，继往开来，依靠传统文化维系一个民族的聚合力，那将是永恒的。历史证明了这一点。这也是我摆四川民居老龙门阵的动机。

为了对这种"破房子"的追求，1994年盛夏，我在三峡河谷中东寻西找，忽然右鼻孔流血不止，右耳也聋了，感到十分难受。一个月后回到家中，我方知90岁老母去世，恰是那时，我正在巫山县城内向一个扎灵房子的匠人求教灵房和人生前住宅的关系，殊不知母亲就在那时离开了人世！为儿虽不可能也扎一座灵房敬祭在母亲的墓前，但把本书诸文挽成一个花环，算作永久的怀念吧。

季富政

1995 年春日

成都楠木园